新工科建设之路·计算机类规划教材

Scratch
创意编程

林 菲 龚晓君 编著

孙 勇 主审

电子工业出版社

Publishing House of Electronics Industry

北京·BEIJING

内 容 简 介

Scratch 是麻省理工学院（MIT）开发的图形化编程工具，它可以将复杂的程序指令以类似拼图或堆积木的方式编写出来，简化了程序设计的难度，同时训练了用户的逻辑思维能力，非常适合程序设计初学者学习。

本书以程序设计初学者为主要对象，以 Scratch 3.0 为基础，主要内容包括 Scratch 简介、变量与运算符、运动与绘图、外观与音效、分支结构、循环结构、消息与过程、数据结构与算法，在介绍编程知识的同时，通过一个个有趣的案例，逐步引入和巩固各个知识点，从而使初学者在学习编程知识的过程中感受到编程的乐趣。相信对有创意的程序设计初学者来说，本书会是一本非常实用的入门书籍。让我们开始学习吧！

图书在版编目（CIP）数据

Scratch 创意编程 / 林菲，龚晓君编著 . —北京：电子工业出版社，2021.1

ISBN 978-7-121-40146-6

Ⅰ . ① S… Ⅱ . ①林… ②龚… Ⅲ . ①程序设计 Ⅳ . ① TP311.1

中国版本图书馆 CIP 数据核字（2020）第 242858 号

责任编辑：戴晨辰　　　　　　　　　特约编辑：田学清

印　　刷：北京缤索印刷有限公司

装　　订：北京缤索印刷有限公司

出版发行：电子工业出版社

　　　　　北京市海淀区万寿路 173 信箱　　　邮编：100036

开　　本：787×1 092　　　1/16　　　印张：11　　　字数：248 千字

版　　次：2021 年 1 月第 1 版

印　　次：2021 年 1 月第 1 次印刷

定　　价：59.00 元

凡所购买电子工业出版社图书有缺损问题，请向购买书店调换。若书店售缺，请与本社发行部联系，联系及邮购电话：(010) 88254888，88258888。

质量投诉请发邮件至 zlts@phei.com.cn，盗版侵权举报请发邮件至 dbqq@phei.com.cn。

本书咨询联系方式：dcc@phei.com.cn。

创意编程就是在创造性的活动中学习程序设计，利用程序可以创作很多故事、音乐、游戏等。在解决问题的过程中进行充分的启发和引导，让编程初学者主动探索式地学习编程。传统的编程教学普遍以教授语法为主，缺乏实际运用的思维和技巧，创意编程主要让初学者在实践中掌握程序设计方法，培养他们的编程思维和计算思维能力。

　　Scratch 是麻省理工学院（MIT）开发的图形化编程工具，它的主要特点是简单易学、趣味性强，构成程序的指令和参数通过积木形状的模块实现，使用者可以不认识英文单词，也可以不会使用键盘，用鼠标拖动积木到代码编辑区即可。因此，Scratch 为用户提供了一个创作和表达创意的数字化工具，能够充分发挥用户的聪明才智和创造力。几乎所有的初学者都会喜欢上这款开发软件，进而爱上编程。

　　国内各级教育部门经常举行相关的程序设计竞赛。使用 Scratch，不仅可以开发各类游戏软件，如《飞机大战》《贪吃蛇》等，还可以与语文、数学、外语、科学等知识相结合，构建各类场景的应用软件，如《猜谜语》《成语接龙》《口算游戏》《记单词》《浮力模拟实验》《化学反应模拟实验》等。创造性地编写这些软件的过程也会帮助读者拓展各学科知识。

　　全书分为 8 章，各章内容如下。

　　第 1 章 Scratch 简介。介绍了计算机语言、程序和软件、图形化编程、Scratch 概述、Scratch 的编程环境、Scratch 的程序界面，并且通过案例《猫抓老鼠》让读者对 Scratch 编程有一个全面的认识。

　　第 2 章 变量与运算符。介绍了 Scratch 中的数据类型、常量和变量、算术运算符与表达式、字符串运算符的相关知识，并且通过案例《吹泡泡》、《奔跑吧机器人》和《大鱼吃小鱼》巩固所学知识。

　　第 3 章 运动与绘图。介绍了"运动"模块、"画笔"模块、"侦测"模块、视频侦测和声音侦测的相关知识，并且通过案例《控制码猿运动》、《绘制彩虹圈》、《神笔码猿画房子》、《撞柱子》和《捉妖记》巩固所学知识。

　　第 4 章 外观与音效。介绍了"外观"模块与造型、"声音"模块、"音乐"模块的相关知识，并且通过案例《筋斗云》和《烟火晚会》巩固所学知识。

　　第 5 章 分支结构。介绍了程序设计的基本控制结构、比较运算符、逻辑运算符和分支结构积木的相关知识，重点讲解了单分支结构、双分支结构和多分支结构的相关知识，并且通过案例《石头剪刀布》巩固所学知识。

第 6 章 循环结构。介绍了循环结构积木的相关知识，重点讲解了有限次数循环、条件循环、无限循环和停止积木的相关知识，并且通过案例《模拟时钟》、《码猿列队》、《码猿接香蕉》和《射气球》巩固所学知识。

第 7 章 消息与过程。首先介绍了 Scratch 的消息机制和使用广播协调多个角色的相关知识，并且通过案例《多米诺骨牌》深入阐述了消息机制的用途；然后介绍了结构化程序设计思想和如何利用制作新积木的方式编写过程，并且通过案例《跳跃的码猿》巩固过程应用的相关知识。

第 8 章 数据结构与算法。介绍了数据结构概述、列表结构和获取列表中的变量的相关知识，还介绍了算法概述，重点介绍了搜索算法和排序算法，并且通过案例《随机歌曲列表》和《码猿作文》巩固所学知识。

本书的作者长期从事计算机类专业的教学科研工作，具有丰富的项目实战经验。本书由杭州电子科技大学的林菲和龚晓君共同编写，林菲负责第 1～4 章的编写工作，龚晓君负责第 5～8 章的编写工作；孙兴业和吴悠然两位学生参与了全书的案例、插图和习题参考代码的整理工作，孙兴业负责第 1～4 章的整理工作，吴悠然负责第 5～8 章的整理工作。浙江交通职业技术学院的孙勇教授负责全书的主审工作。

本书以易学易用为重点，使用大量案例引导读者掌握 Scratch 编程的方法和技巧。读者在学习本书各章知识点时，可以通过各章案例和习题巩固所学内容。为了帮助读者更好地学习，本书配套了一系列具有 MOOC 特征的教学视频。读者可以在华信教育资源网（www.hxedu.com.cn）上查阅本书的配套学习资源，从而快速掌握本书的知识。利用这些教学视频，教师可以采用翻转课堂或混合教学两种教学模式提升教学效果。

本书在编写过程中得到了社会各界及企业专家的大力支持，在此深表感谢。由于编著者水平有限，书中难免存在不当之处，敬请读者批评指正。

编著者 E-mail：hzgxj@126.com

目录

CHAPTER **03**
运动与绘图

CHAPTER **04**

外观与音效

CHAPTER 05
分支结构

CHAPTER 06
循环结构

CHAPTER 07

消息与过程

CHAPTER **08**
数据结构与算法

参考文献

01 Scratch 简介

本章主要介绍程序设计的一些基本概念和 Scratch 编程环境的搭建，然后尝试编写有趣的《猫抓老鼠》游戏，最后将编写好的游戏作品发布成可执行程序，使其可以直接运行。

1.1 什么是 Scratch

在学习 Scratch 之前，我们先来了解一下计算机语言、程序、软件、集成开发环境等重要概念。

1.1.1 计算机语言

计算机语言（Computer Language）是指用于人与计算机之间通信的语言。计算机语言是人与计算机之间传递信息的媒介。

要使计算机进行各种工作，需要有一套用于编写计算机程序的数字、字符和语法规则，由这些数字、字符和语法规则组成计算机的各种指令（或各种语句），这就是计算机语言。

计算机语言有 3 种类型，分别为机器语言、汇编语言、高级语言，如图 1-1 所示。

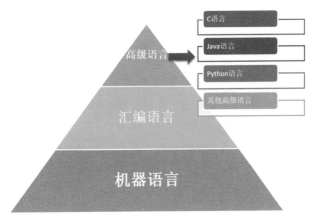

图 1-1　计算机语言类型

机器语言：用二进制代码表示的、计算机能直接识别和执行的机器指令的集合。计算机的 CPU 可直接解读使用机器语言编写的指令。但这些指令是由 0 和 1 组成的，直观性差，还容易出错，如 00010001000000010000 表示 STORE B, 16。

汇编语言：用于电子计算机、微处理器、微控制器或其他可编程器件的低级语言，又称为符号语言。在汇编语言中，用助记符（Mnemonic）代替机器指令的操作码，用地址符号（Symbol）或标号（Label）代替指令或操作数的地址。驱动程序、嵌入式操作系统和实时运行程序都需要使用汇编语言。例如，将寄存器 BX 中的内容发送到寄存器 AX 中，对应的汇编指令为 MOV AX,BX，对应的机器指令为 1000100111011000。

高级语言：高度封装的编程语言。高级语言是以人类的日常语言为基础的编程语言，使用人类易于接受的文字表示，从而使程序的编写更容易。使用高级语言编写的程序有较高的可读性，方便对计算机认知较浅的人了解其内容。

例如，使计算机输出"Hello"，不同高级语言编写的指令如图 1-2 所示。

```
print（ 'Hello' ）                    （ Python编程语言 ）
std::cout<< "Hello" <<std::endl;      （ C++编程语言 ）
System.out.println( "Hello" );        （ Java编程语言 ）
```

图 1-2　不同高级语言编写的输出"Hello"的指令

使计算机表示加法运算 a+b，不同高级语言编写的指令如图 1-3 所示。

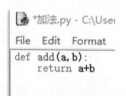

图 1-3　不同高级语言编写的加法运算 a+b 的指令

根据图 1-2 和图 1-3 可知，大部分高级语言中都有一些用于表示某种特定指令的关键字。Scratch 是采用搭积木的方式进行编程的，减轻了初学者记忆表示指令的关键字的负担。

1.1.2 程序和软件

1. 什么是程序

程序是为实现特定目标或解决特定问题而用计算机语言编写的指令序列的集合。

思考：没有程序的计算机是什么？

计算机并不聪明，没有程序的计算机就是一个没有灵魂的躯壳。

计算机的唯一优势是它会永远遵从你的指令（你编写的程序）。计算机可以不停地处理你提供的数据，既不会感到厌烦也不会要加班费。计算机和程序的关系如图 1-4 所示。

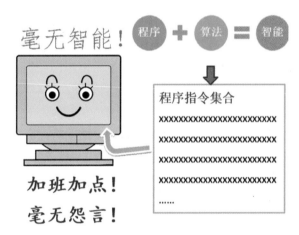

图 1-4　计算机和程序的关系

为了使计算机理解人的意图，人们需要将解决问题的思路、方法和手段通过计算机能够理解的形式告诉计算机，使计算机能够根据人的指令进行工作，从而完成某项特定的任务。这种人和计算机之间交流的过程就是编程，负责编程工作的人称为程序员。

编程是指运用计算机语言编写程序的过程，也就是为了让计算机解决某个问题而使用某种程序设计语言编写程序代码并最终得到相应结果的过程。

当编写的程序中包含一些人工智能的算法时，这段程序就带有了某种意义上的智能。计算机在这种带有智能的程序驱动下，就能做一些可以超越人类的事情，如 Google（谷歌）开发的人工智能程序 AlphaGo 战胜围棋大师李世石。

2. 软件

在工作、学习过程中，如果需要使用计算机帮助我们处理一些文档，那么需要在计算机中安装办公软件，如 Office、WPS 等。

软件和程序之间有什么关系呢？

软件 = 程序 + 文档

根据上述公式可知：软件是程序与开发、使用、维护所需要的所有文档的总称，程序是软件的一部分。

软件可以分为系统软件和应用软件两大类。

系统软件的功能是什么，有哪些系统软件？

系统软件的主要功能是调度、监控和维护计算机系统中各个独立的硬件（如键盘、显示器、声卡和打印机等），使它们可以互相协调地工作。在计算机中安装了系统软件后，在使用计算机时就不需要关心每个硬件是如何工作的了，只需要指挥系统软件就能使各个硬件工作。

系统软件包括操作系统（如 DOS、Windows、UNIX、Linux 等）和一系列基本的工具软件（如编译程序、数据库管理、存储器格式化、文件系统管理、驱动管理、网络连接等方面的工具）。

应用软件的功能是什么，有哪些应用软件？

应用软件是指为了某种特定的用途而被开发的软件，如 Office 办公软件、游戏软件、聊天软件、学习软件等。

计算机硬件、系统软件、应用软件和计算机用户之间有什么关系呢？

它们组成一个分层结构，如图 1-5 所示。在图 1-5 中，计算机硬件在底层；第二层为系统软件，系统软件直接对硬件资源进行控制；第三层是应用软件，应用软件在系统软件提供的环境中工作，它需要调用系统软件才能操作计算机硬件；最上层是计算机用户，计算机用户可以直接与应用软件进行人机交互，如我们可以直接打开 QQ 聊天软件进行网络聊天。

图 1-5　计算机软硬件分层结构

1.1.3　图形化编程

图形化编程允许开发者以二维或多维方式描述一个程序。图形化编程工具通过可视化的方式将思维设计过程呈现出来，是一种思维表现的工具，它对理解程序设计起到了较好的辅助作用，从而提高了学习程序设计的有效性。目前常见的用于辅助教学的图形化编程工具有 Scratch、App Inventor、Blockly 等，如图 1-6 所示。

图 1-6   目前常见的用于辅助教学的图形化编程工具

对计算机编程的初学者来说，Scratch 是最受欢迎的图形化编程工具之一。它以搭积木的形式编写程序，更形象生动。Scratch 能让我们很快地建立起编程的思想。

后续我们也会逐步过渡到抽象编程，也就是使用高级语言（如 C++、Java、Python）编写更强大的程序，这些高级语言在各大软件开发公司的应用非常广泛，如图 1-7 所示。

图 1-7   编程语言的广泛应用

1.1.4   Scratch 概述

Scratch 由美国麻省理工学院媒体实验室设计研发，是世界领先的图形化、积木式创意编程工具。使用 Scratch 编程就像搭积木，构成程序的指令和参数通过积木形状的模块实现，使用者可以不认识英文单词，也可以不会使用键盘。这些特性使程序设计变得轻松、有趣，非常适合编程初学者入门。Scratch 3.0 的界面如图 1-8 所示，从中可以看出图形化的程序也有各种逻辑结构，并且每类指令用特定的颜色表示。

图 1-8　Scratch 3.0 的界面

例如，我们可以参照如图 1-9 所示的代码片段，找到相应的积木，试着将其组装成一组代码并运行，查看运行结果，尝试指出代码中哪些积木让猴子（这只猴子的名字为"码猿"）改变了颜色。

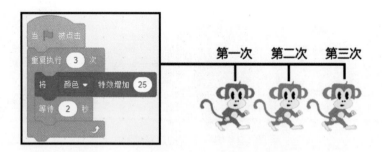

图 1-9　使用代码片段改变码猿的颜色

Scratch 使用全图形化操作和生动有趣的交互方式，适合用于创新启蒙教育。Scratch 软件免费，支持 Windows、Mac OS、Chrome OS 和 Android 操作系统，使用者可以下载离线软件并在安装后使用，也可以通过在线编辑平台进行开发。Scratch 搭积木式的程序设计方式，更接近设计和组织流程图的思维方式，可以使读者将注意力集中在创作中，充分体验艺术与科技的结合之美。Scratch 提供了一个创作和表达自己的数字化工具，能够充分发挥使用者的聪明才智和创造力，可以帮助使用者创作各种故事、音乐、游戏等。

1.2　Scratch 的编程环境

在使用 Scratch 开发程序前，我们首先需要了解如何搭建 Scratch 的编程环境，并且掌握 Scratch 编程环境的使用方法。

1.2.1　Scratch 编程环境的搭建

1. Scratch 在线学习平台

首先进入 Scratch 在线学习平台（https://scratch.imayuan.com/），该平台的首页如图 1-10 所示。

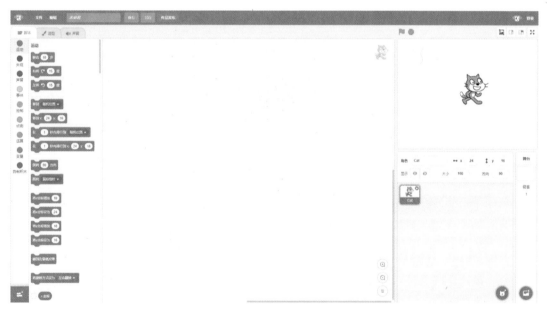

图 1-10　Scratch 在线学习平台首页

在 Scratch 在线学习平台首页右上角单击"登录"按钮，可以使用账号和密码登录，如图 1-11 所示。无须安装，可以在线开发 Scratch 程序。如果没有账号，则可以给平台管理员（mayuan@imayuan.com）发送邮件申请。

2. Scratch 离线编辑器

在断网或网速较慢的情况下，可以使用 Scratch 离线编辑器开发 Scratch 程序。目前 Scratch 3.0 离线编辑器可以在 Windows、Mac OS、Chrome OS、Android 操作系统中安装。

编著者为读者提供了 Windows 和 Mac OS 操作系统对应的 Scratch 3.0 安装软件（下载地址：https://share.weiyun.com/9yAmuCV4）。

图 1-11　Scratch 在线编辑器

在 Scratch 离线编辑器安装成功后，桌面上会出现 Scratch Desktop 图标，如图 1-12 所示。

图 1-12　Scratch Desktop 图标

双击 Scratch Desktop 图标，打开 Scratch 离线编辑器，如图 1-13 所示。

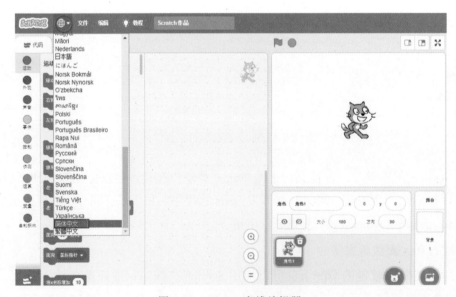

图 1-13　Scratch 离线编辑器

单击左上角的地球图标，在弹出的下拉列表中选择"简体中文"选项，即可将 Scratch 离线编辑器的语言切换成简体中文。

1.2.2 Scratch 编程环境的使用

在编辑角色时，Scratch 3.0 的编辑器界面主要由菜单栏、选项卡（此时为"代码"选项卡）、舞台、舞台操作区、角色操作区、积木区、代码编辑区构成，如图 1-14 所示。在编辑背景、造型时，Scratch 3.0 的编辑器界面会发生相应变化。

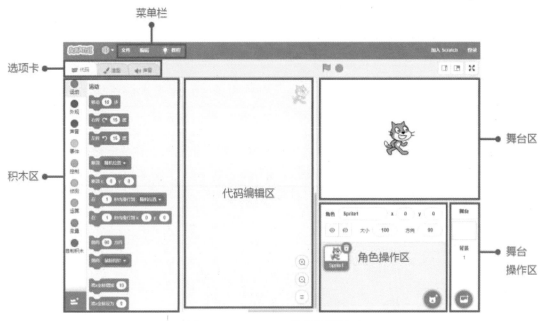

图 1-14　Scratch 3.0 的编辑器界面

1．菜单栏

菜单栏中包含了开发程序需要使用的各种工具。在"文件"菜单中有"新作品"、"从电脑中上传"和"保存到电脑"命令。选择"新作品"命令，可以新建一个项目；选择"从电脑中上传"命令，可以打开计算机中已经完成的程序；选择"保存到电脑"命令，可以将编写的程序存储于计算机中。

2．舞台

舞台是角色进行移动、绘画和交互的场所。舞台的宽度为 480 步、高度为 360 步，舞台的坐标系如图 1-15 所示，x 坐标的取值范围为 $-240 \sim 240$，y 坐标的取值范围为 $-180 \sim 180$，舞台中心点（坐标系原点）的坐标为（0，0）。

在舞台上方，单击"运行"按钮▶表示运行程序，单击"停止"按钮●表示停止运行，单击"全屏模式"按钮❖表示启用全屏模式。

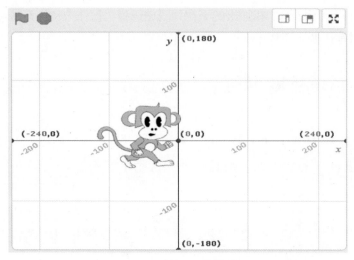

图 1-15　舞台的坐标系

3．角色操作区

角色操作区如图 1-16 所示，在该区域中会显示所有角色的名称及缩略图。一个新的 Scratch 项目默认包含一个白色的舞台和一个小猫角色。

图 1-16　角色操作区

将鼠标指针放在角色操作区右下方的 按钮上，会弹出 4 个不同的按钮。

单击 按钮，可以在 Scratch 自带的角色库中选取角色。

单击 按钮，可以使用 Scratch 自带的绘图工具绘制一个角色。

单击 按钮，可以在 Scratch 自带的角色库中随机选取一个角色。

单击🔼按钮，可以从本地计算机中上传一个角色。

图 1-16 中的 4 个角色都是从 Scratch 自带的角色库中选取的。

每个角色都有专属于自己的代码、造型和声音，有两种方法可以查看它们，一种是单击角色操作区中的角色缩略图，另一种是双击舞台上的角色。已经选中的角色会被加上一个蓝色的外框。在选中某个角色后，在积木区上方选择"代码"、"造型"或"声音"选项卡，分别可以查看该角色的代码、造型或声音。右击选中的角色，在弹出的快捷菜单中选择"复制"、"导出"或"删除"命令，如图 1-17 所示，分别可以对角色进行复制、导出或删除操作。

图 1-17 "复制"、"导出"和"删除"命令

4．舞台操作区

在舞台操作区中进行操作时，"造型"选项卡会变为"背景"选项卡，在该选项卡下，左侧为背景操作区，右侧为绘图编辑区，如图 1-18 所示。

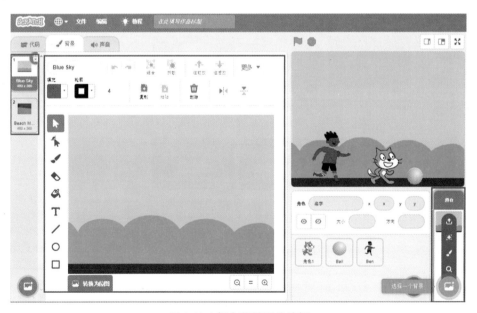

图 1-18 舞台背景图片编辑

将鼠标指针放在舞台操作区右下方的🖼️按钮上，会弹出 4 个不同的按钮。

单击 Q 按钮，可以在 Scratch 自带的舞台背景库中选取舞台背景图片。

单击 ✏ 按钮，可以使用 Scratch 自带的绘图工具绘制一张舞台背景图片。

单击 ✳ 按钮，可以在 Scratch 自带的舞台背景库中随机选取一张舞台背景图片。

单击 ⬆ 按钮，可以从本地计算机中上传一张舞台背景图片。

在舞台操作区中可以设置程序的多张舞台背景图片。Scratch 3.0 默认包含一张白色的舞台背景图片，在图 1-18 中删除了默认的舞台背景图片，并且在舞台背景库中选取了两张舞台背景图片。

在舞台操作区中选中舞台背景缩略图后，所有舞台背景缩略图都会在背景操作区中显示。选中其中一张舞台背景缩略图，可以在绘图编辑区中编辑当前选中的舞台背景图片。同样，我们也可以选择"代码"选项卡，为舞台添加相应的代码；可以选择"声音"选项卡，为舞台添加相应的声音。

5．积木区

Scratch 中包含 100 多种积木，我们可以在积木区中找到这些积木。在积木区中，默认显示的积木分为 9 大类：运动、外观、声音、事件、控制、侦测、运算、变量、自制积木。为了便于区分，不同类别的积木颜色不同，可以根据颜色快速地找到某类积木。某些积木仅在特定条件下才会显示，如"变量"模块中新建的积木仅在创建了变量或列表后才会显示。

除此之外，在图 1-14 中，单击左下角的 ⊞ 按钮，可以添加"音乐""画笔""视频侦测""文字朗读""翻译"等模块中的扩展积木，如图 1-19 所示。

图 1-19　各类扩展积木

6．代码编辑区

为了让角色动起来，开发者需要给角色编写程序。在编程前，需要先选择相应的角色或舞台，然后用鼠标将积木从积木区拖动到代码编辑区，最后将这些积木按照一定的先后顺序和逻辑结构卡合在一起。如果积木在被拖动到代码编辑区时需要与前一个积木进行卡

合，则会出现灰色阴影提示框，说明当前积木可以放置在灰色阴影提示框中，如图 1-20
所示。

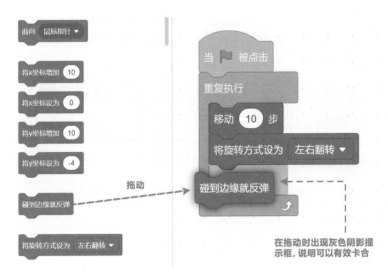

图 1-20 将积木拖动到代码编辑区

由于 Scratch 采用积木卡合的编程方式，因此与基于文本的编程语言相比，它可以完全避免由输入不当造成的语法错误，让开发者能更多地将注意力集中于程序的设计和开发上。

在编写程序时，通常并不是在将所有积木都拖动完后才运行，开发者可以在编写代码的过程中不断地进行测试。测试的目的是确认代码的质量，一方面是确认代码是否做了开发者所期望的事情，另一方面是确认代码是否以正确的方式做了这个事情。

单击某段代码中的任意一块积木，这段代码就会全部运行。

如果某段代码特别长，那么开发者可以将这段代码拆分成几部分，每部分单独运行。这是理解各段程序最有效的方法。

如果要移动整段代码，则应该拖动最上面的一块积木，因为拖动下面的积木会将程序分离成两部分。这种拖动积木的方式便于逐步建立自己的项目：每次只编写部分代码并进行测试，看看运行结果是否符合自己的预期，最后将各部分代码连接成一段更长的代码。

如果需要将代码编辑区中的一段积木代码删除，那么可以右击要删除的积木，在弹出的快捷菜单中选择"删除"命令，即可将该积木及其包含的代码删除；还可以通过鼠标拖动的方式将积木从代码编辑区拖动到积木区，从而实现删除积木的功能，如图 1-21所示。

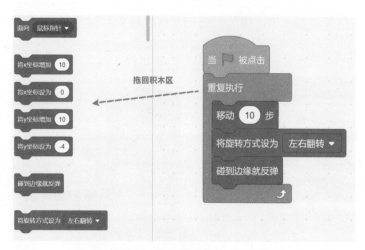

图 1-21　将积木从代码编辑区拖动到积木区

动手试一试 1-1

　　创建一个新角色，并且将前一个角色的代码块拖动到角色操作区中新角色的缩略图上。

观察新角色的代码有什么变化？

7. 绘图编辑区

　　在"背景"选项卡和"造型"选项卡下，都会显示绘图编辑区，用于编辑舞台背景图片和角色造型，如图 1-22 所示。

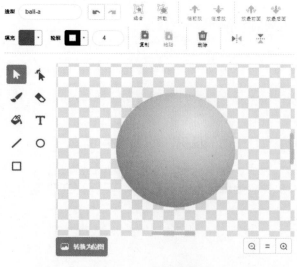

图 1-22　绘图编辑区

如果希望了解 Scratch 绘图编辑区的具体用法，可以从官方网站上下载相关文档自学，本书后面章节也会进行介绍。下面简单介绍绘图编辑区中的一个重要功能——设置角色造型的中心。

在绘图编辑区中，在旋转角色时，会将角色造型的中心作为旋转中心。在默认矢量图模式下，用鼠标将造型全部框选住，再用鼠标移动角色的造型，即可看到角色造型中心的位置标记，如图 1-23 所示。现在可以将希望设置的角色造型中心位置移动到这个标记处，如小球的中心。最后改变角色方向，使角色以设置的角色造型中心为旋转中心进行旋转，从而确认角色造型中心的位置设置得是否准确。

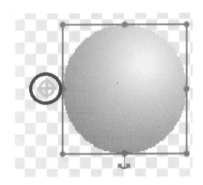

图 1-23　角色造型中心的位置标记

1.2.3　Scratch 积木简介

Scratch 积木按形状可以分为 4 种，分别为命令积木、功能积木、触发积木和控制积木，如图 1-24 所示。

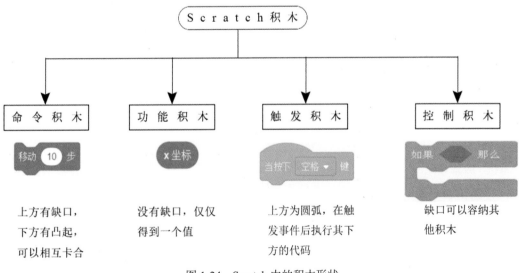

图 1-24　Scratch 中的积木形状

1．命令积木

命令积木主要用于给角色发送命令，使其实现某个特定的功能。积木外观特点是上方有一个缺口，下方有一个凸起，如"运动"、"外观"、"声音"和"画笔"模块中的积木，如图 1-25 所示，这些缺口和凸起可以使积木卡合在一起，从而形成更长的积木代码。

图 1-25　命令积木

2．控制积木

控制积木主要用于控制代码执行，如控制代码的执行顺序、执行次数等。"控制"模块中的积木就是控制积木，它的外观特点是有缺口，并且缺口可以容纳其他积木，如图 1-26 所示。

图 1-26　控制积木

3．功能积木

功能积木通常用于嵌入其他积木作为数据输入，它的功能仅仅是得到一个值。它没有缺口和凸起，因此无法单独使用。"运算"模块和"侦测"模块中的部分积木属于功能积木，如图 1-27 所示。

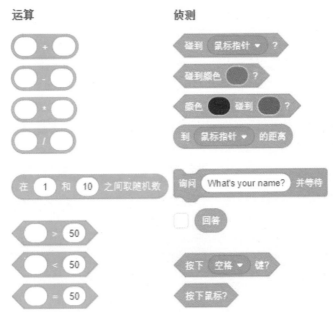

图 1-27　功能积木

有一些功能积木的前面有复选框，如果勾选该复选框，那么舞台左上角就会出现一个值显示器，用于显示当前功能模块的值。例如，选择一个角色，勾选"运动"模块中 ▸x坐标 积木左边的复选框，然后在舞台上随意拖动该角色，舞台左上角"x坐标"的值就会随之发生相应变化，如图 1-28 所示。

图 1-28　角色的"x坐标"值

4．触发积木

触发积木又称为帽子积木，它的上方是圆弧、无缺口，说明它总是处于一段代码的起始位置。触发积木会等待某个事件触发，该事件一旦触发，就会立刻执行触发积木中的代码。"事件"模块中的积木就属于触发积木，如图 1-29 所示。

什么是事件？

事件包括系统事件和用户事件。系统事件由系统触发，如每隔 1 秒让舞台上某个角色向右走 10 步。用户事件由用户触发，用户通过操作鼠标或键盘来控制舞台上某个角色的

运动，如单击"运行"按钮 ▸ 表示执行 当 ▸ 被点击 下方积木中的代码。

事件

图 1-29　触发积木

1.3　Scratch 的程序界面

1.3.1　程序界面简介

　　程序界面，又称为图形用户界面（Graphical User Interface，GUI），是一种结合计算机科学、美学、心理学、行为学及各商业领域需求分析的人机系统工程，强调人、机、环境三者作为一个系统进行总体设计。设计这种面向客户的人机系统工程的目的是优化产品的性能，使操作更人性化，减轻使用者的认知负担，使其更符合用户的操作需求，从而提升产品的市场竞争力。例如，微软公司的 Windows 操作系统使用的就是图形用户界面，用户可以通过鼠标和键盘进行各种操作，非常直观；而微软公司的早期产品 DOS 操作系统使用的就不是图形用户界面，因为它只能接受命令行的输入方式。

　　纵观国际相关产业在图形用户界面设计方面的发展现状，许多国际知名公司早已意识到图形用户界面在产品方面产生的强大增值功能，以及带动的巨大市场价值，因此在公司内部设立了相关部门专门进行图形用户界面的研究与设计。

　　Scratch 的程序界面相对简单，主要是由舞台背景和各个角色的造型构成的。图 1-30就是一张设计好的背景图片。

图 1-30　设计好的背景图片

1.3.2　舞台背景控制

一个复杂的 Scratch 程序中通常有多个舞台背景。例如，在游戏开始前，先展示一个游戏说明；在游戏开始后，切换到下一个场景。

因此，我们在进行实际创作时，需要先设计一组舞台背景图片，可以在系统自带的舞台背景库中选取。在舞台背景图片制作完成后，单击舞台背景缩略图，选择"背景"选项卡，即可查看所有已添加的舞台背景图片，如图 1-31 所示。

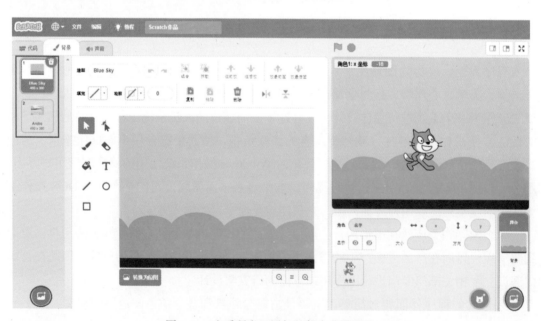

图 1-31　查看所有已添加的舞台背景图片

添加舞台背景图片的方式与添加角色的方式相同，有 4 种添加方式。

如何切换舞台背景呢?

我们先来学习控制舞台背景的相关积木。选中舞台背景缩略图,选择"代码"选项卡,即可看到控制舞台背景的相关积木。选择"外观"模块,即可看到切换舞台背景的相关积木,如图 1-32 所示。

图 1-32　切换舞台背景的相关积木

可以控制舞台每隔 1 秒切换一个背景,代码如图 1-33 所示。可以通过特效积木对舞台背景进行特效处理,代码如图 1-34 所示。

图 1-33　切换舞台背景

图 1-34　对舞台背景进行特效处理

1.3.3　平面直角坐标系

在制作游戏之前,首先简单介绍平面直角坐标系的知识。

1．平面直角坐标系

在同一个平面上互相垂直且有公共原点的两条数轴构成平面直角坐标系。

在通常情况下，两条数轴分别位于水平位置与竖直位置，分别取向右与向上的方向为两条数轴的正方向；水平的数轴称为 x 轴或横轴，竖直的数轴称为 y 轴或纵轴，x 轴或 y 轴统称为坐标轴，它们的公共点 O 称为直角坐标系的原点，如图 1-35 所示。

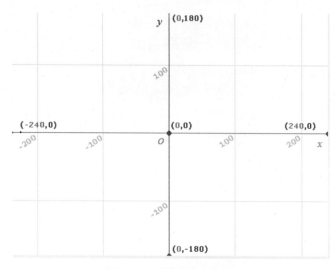

图 1-35　平面直角坐标系

2．坐标平面

建立平面直角坐标系的平面称为坐标平面。x 轴和 y 轴将坐标平面分成四部分，称为四个象限，按逆时针方向依次称为第一象限、第二象限、第三象限、第四象限，如图 1-36 所示。

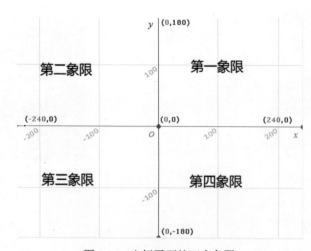

图 1-36　坐标平面的四个象限

1.4 第一个 Scratch 游戏

1.4.1 任务描述

《猫和老鼠》动画片相信大家都非常熟悉。汤姆是一只常见的家猫，它一直努力去抓那只与它同居一室的老鼠杰瑞，但总是以失败收场，而实际上它在追逐过程中得到的乐趣远远超过了抓住老鼠杰瑞得到的乐趣。下面让我们制作《猫抓老鼠》这个有趣的追逐游戏吧！

游戏描述：游戏中有猫和老鼠两个角色，老鼠的位置由鼠标控制，猫不断地追逐老鼠，在抓住老鼠后停止游戏。

《猫抓老鼠》的游戏界面如图 1-37 所示。

图 1-37 《猫抓老鼠》的游戏界面

1.4.2 任务实施

1. 新建项目

启动 Scratch 3.0，系统会自动创建一个新的项目。如果 Scratch 3.0 正在运行，则可以在"文件"菜单中选择"新作品"命令（以后所有任务的新建项目操作同理，不再赘述）。

2. 编写代码

第一个 Scratch 程序是一个很简单的游戏。在该游戏中，我们会学习如何通过鼠标控制老鼠的移动，如何实现猫不停地追逐老鼠，在猫抓住老鼠后游戏结束。

第 1 步：加入老鼠和猫角色。

单击角色右上角的垃圾桶，删除默认角色。然后，单击角色操作区右下角的 **⊕** 按钮，选取老鼠角色和猫角色，可以给老鼠角色和猫角色起一个有实际意义的名字，这里分别命名为 Cat 和 Mouse，如图 1-38 所示。

图 1-38　添加角色

查看 Mouse 角色的造型，可以发现 Mouse 角色具有两个不同的造型，如图 1-39 所示，可以使角色运动起来更有动画效果。我们也可以单击造型区下方的 **⊕** 按钮，为 Mouse 角色添加其他造型。

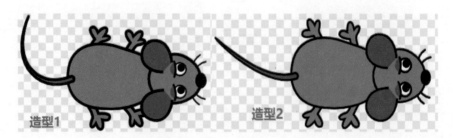

图 1-39　Mouse 角色的造型

在编写代码之前，先保存项目（为了保证代码不丢失，在编码过程中经常进行保存操

作是一个很好的编码习惯）。在"文件"菜单中选择"保存到电脑"命令，选择存储路径，
然后给项目命名，此处命名为"猫抓老鼠 .sb3"（Scratch 3.0 项目的文件名后缀为 .sb3），
单击"保存"按钮完成操作。当需要再次浏览或继续编辑保存的项目时，可以在"文件"
菜单中选择"从电脑中上传"命令，选择相应路径下的 .sb3 格式的文件即可。

第 2 步：控制 Mouse 角色跑动。

在角色操作区中选中 Mouse 角色，为其添加控制其跑动的代码，如图 1-40 所示。在
游戏开始时，Mouse 角色在舞台的正中央，然后重复执行让 Mouse 角色不停地面向鼠标
指针，并且移动到鼠标指针位置。同时，使 Mouse 角色一边移动一边切换它的两个造型，
使 Mouse 角色跑起来更有动画效果。

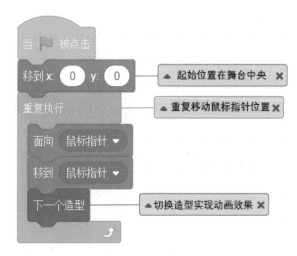

图 1-40　控制 Mouse 角色跑动的代码

单击舞台上方的"运行"按钮▶，观察 Mouse 角色代码的运行效果，看 Mouse 角色
是否跟着鼠标指针不停地运动？如果 Mouse 角色没有跟着鼠标指针不停地运动，那么仔
细检查自己的代码是否正确。

第 3 步：控制 Cat 角色运动，不停地追逐 Mouse 角色。

在角色操作区中选中 Cat 角色，为其添加相应的移动代码，如图 1-41 所示。在游戏
开始时，Cat 角色在舞台的右下角，然后重复执行让 Cat 角色不停地面向 Mouse 角色，每
次移动 5 步。当 Cat 角色碰到 Mouse 角色时，表示已经抓住 Mouse 角色，游戏结束，停
止执行代码。

单击"运行"按钮▶开始游戏，测试 Cat 角色追逐 Mouse 角色的效果是否实现。

如果要使 Cat 角色运动起来也具有动画效果，那么需要为 Cat 角色添加一组造型，再
通过切换造型实现 Cat 角色的动画效果。

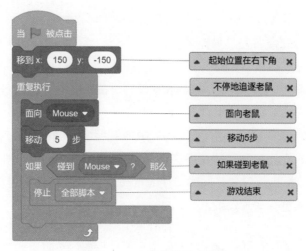

图 1-41　Cat 角色的移动代码

3. 运行程序并保存

至此，第一个 Scratch 程序就已经制作完成了。现在可以放大舞台，单击"运行"按钮 🚩 运行程序，体验自己亲自制作的第一个游戏了。最后在"文件"菜单中选择"保存到电脑"命令，将程序存储于指定位置。

任务拓展

尝试增加游戏难度。在舞台的 4 个角分别放置一只猫，完成 4 只猫从 4 个方向抓老鼠的游戏。

本章小结

本章介绍了如何搭建 Scratch 的编程环境，熟悉 Scratch 编辑器界面，掌握程序界面的相关操作，并且编写了《猫抓老鼠》游戏，为以后编写更大、更复杂的程序奠定了基础。

练一练

（1）单击"运行"按钮 🚩，使猫从舞台中间开始，向右走动 20 步，停顿 0.5 秒，发出音乐"喵"声，重复 3 次。

（2）从 Scratch 自带的舞台背景库中选择海底世界背景图片，并且为其添加背景音乐。从 Scratch 自带的角色库中选择两个海底动物角色，使它们从舞台边缘开始面向随机的方向不停地游动，在碰到舞台边缘后调转方向继续游动。

（3）设计一个《龟兔赛跑》动画，故事情节自由设计。

变量与运算符

变量是计算机语言中用于存储计算结果或表示抽象值的载体。由于变量能够给程序中的数据赋一个简短、易于记忆的名字，因此它们十分有用。变量可以存储用户输入的数据、特定运算的结果及要在窗体中显示的数据等。

运算符主要用于执行程序运算，可以针对一个或更多个操作数进行运算。操作数可以是变量，也可以是常量。常用的运算符有算术运算符、连接运算符、关系运算符、赋值运算符和逻辑运算符。

本章主要介绍数据类型、常量和变量、运算符和表达式等知识，并且通过案例《吹泡泡》、《奔跑吧机器人》和《大鱼吃小鱼》巩固所学知识。

2.1 数据类型

应用程序的任务就是处理各种数据类型（如数字、文本、声音、图像等）的数据并生成有价值的信息。因此，要完成编程任务，必须理解 Scratch 中数据类型的概念和 Scratch 支持的数据操作。

2.1.1 Scratch 中的数据类型

Scratch 支持 3 种数据类型：布尔类型、数字类型和字符串类型。

1. 布尔类型

布尔类型仅有两个值：true 或 false，即真或假。开发者可以使用布尔类型的数据判断一个或多个条件是否成立，从而使程序选择不同的执行路径。

2. 数字类型

数字类型的数据可以是整数，也可以是小数。虽然许多编程语言区分整数和小数，但 Scratch 并不区分，它将整数和小数都归类为数字。开发者可以使用"运算"模块中的 四舍五入 ⬭ 积木将小数转换为整数。

3. 字符串类型

字符串类型的数据是一系列字符的集合，字符可以是字母（大小写均可）、数字

（0～9），以及能使用键盘输出的符号（如 +、-、¥、^、@ 等）。字符串可以存储姓名、地址、文章等信息。

2.1.2　参数凹槽与积木形状

　　细心的读者应该已经发现了 Scratch 中不同积木的参数凹槽形状存在着差异。例如， 积木的参数凹槽是圆角矩形， 积木的参数凹槽是六边形。参数凹槽的形状与其接受的数据类型有关。读者可以试着在 积木的参数凹槽中输入自己的名字（或任何字母、符号），可以发现不起作用，因为在"运动"模块中的积木的参数凹槽中只能输入数字。

　　与之类似，功能积木的外观已经说明了其返回的数据类型。不同形状的参数凹槽和功能积木的含义如图 2-1 所示。

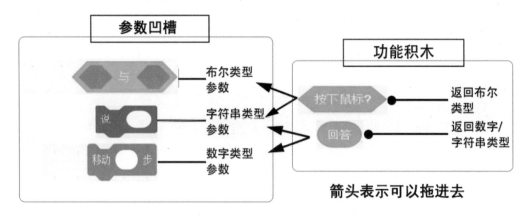

图 2-1　不同形状的参数凹槽和功能积木的含义

　　参数凹槽有两种形状：六边形和圆角矩形。

　　功能积木的外观有两种形状：六边形和圆角矩形。

　　六边形表示布尔类型，圆角矩形既可以表示数字类型，又可以表示字符串类型。注意，Scratch 会阻止用户将某个形状的功能积木拖动到与之形状不匹配的参数凹槽中，如阻止用户将圆角矩形的功能积木拖动到六边形参数凹槽中。

2.1.3　数据类型的自动转换

　　我们之前接触的圆角矩形的功能积木（如 x坐标、y坐标、方向、大小、计时器、音量、响度 等）返回的都是数字类型的数据，因此将它们拖动到数字凹槽（如 移动 步）中是没有问题的。但是个别圆角矩形的功能积木（如"侦测"模块中的 回答积木）既能返回数字类型的数据，又能返回字符串类型的数据。这样就出现了问题，如果 回答 积木返回的是字符串，那么将它拖动到数字凹槽中会怎么样呢？Scratch 会自动进行数据类型转换，如图 2-2 所示。

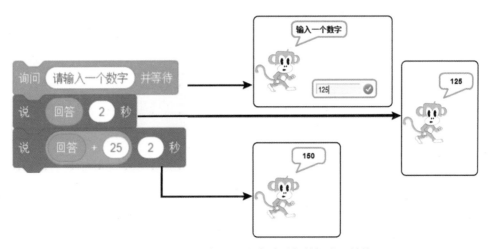

图 2-2　Scratch 根据上下文自动进行数据类型转换

在这个案例中，程序首先提示输入数字，然后用户输入数字 125，该输入会被存储于 回答 积木中。在将 回答 积木放入 说 ⬭ 2 秒 积木的参数凹槽中时（参数期望是一个字符串），回答 积木中的数据会自动转换为字符串 "125"。在将 回答 积木放入 ⬭ + ⬭ 积木的参数凹槽中时（参数期望是一个数字），回答 积木中的数据会自动转换为数字 125。在执行 说 回答 + 25 2 秒 积木中的代码时，⬭ + ⬭ 积木的计算结果（150）会自动转换为字符串 "150" 并传入 说 ⬭ 2 秒 积木中。

思考：如果用户输入的是"a123"，会有什么结果？

2.2　常量和变量

2.2.1　常量

常量是不变化的量，也就是在计算机程序的运行过程中，不会被程序修改的量。例如，在一个程序中需要计算圆柱、圆锥、球体等的体积，都需要使用 PI，而 PI 在计算过程中是一个不会变化的量，这样我们就可以定义一个 PI 常量，并且给其赋一个固定的值，方便后续计算。

常量可以分为不同的数据类型。例如，25、0、-8 为整型常量，6.8、-7.89 为浮点型常量，'a'、'b' 为字符常量，"Hello" 为字符串常量。

2.2.2　变量

变量是被命名的计算机内存空间。可以将变量想象成一个盒子，程序随时可以存储或取出盒子中的数据。例如，一个名为 price 的变量存储了一个数字 0，如图 2-3 所示。

图 2-3　一个名为 price 的变量存储了一个数字 0

在创建变量时，程序会开辟一块内存空间来存储创建的变量，同时给这块内存空间起一个变量名。在变量创建完成后，使用变量名即可获取或修改它的值。

在程序中命名是一件非常重要的事情，无论是给程序命名、给变量命名，还是后续给过程命名。

为什么命名非常重要？

编程界最有名的格言之一如下：

在编写代码时，你要经常想着，那个最终维护你代码的人可能是一个有暴力倾向的疯子，并且他还知道你住在哪里。——约翰 F. 伍兹

同理，在命名时也应该这么想。将后期代码维护考虑进自己的编程中永远都没有错。在任何一个项目中，代码维护阶段都是花费最昂贵的，所以我们应该竭尽所能地降低代码维护阶段的花销。养成好的命名方式和习惯可以使维护人员更快地读懂开发人员的代码。

如何给代码的特定部分命名呢？

给代码特定部分起的名字必须能表明这段代码的含义和作用。例如，变量名"分数"表示此变量用于存储分数，过程名"求和"表示此过程用于求和。

在真正的程序开发中，我们使用的编程语言都有自己的命名规范，常见的有以下几种：

- 匈牙利命名法。

匈牙利命名法是一位叫 Charles Simonyi 的匈牙利程序员发明的，他在微软公司工作了几年，于是这种命名法就通过微软公司的各种产品和文档资料向世界传播开了。

匈牙利命名法的命名规范如下：

属性＋数据类型＋对象描述

这种命名方法可以使程序员对变量的数据类型和属性有直观的了解。例如，在使用匈牙利命名法命名的变量 m_bFlag 中，m 表示成员变量，b 表示布尔类型，因此 m_bFlag 表示某个类的成员变量，数据类型为布尔类型，是一个状态标记。

- 骆驼命名法。

骆驼命名法又称驼峰命名法，命名规范如下：

如果变量名由一个或多个单词连接在一起，并且构成唯一标识，那么第一个单词的首字母小写；第二个单词的首字母大写，或者每个单词的首字母都采用大写字母，如 myFirstName、myLastName、MyFirstName、MyLastName。

因为使用这种命名法命名的变量名看上去就像驼峰一样此起彼伏，所以将其称为骆驼命名法。

2.2.3 变量的创建和使用

下面通过《掷骰子》游戏讲解变量的创建和使用方法。《掷骰子》的游戏界面如图 2-4 所示。

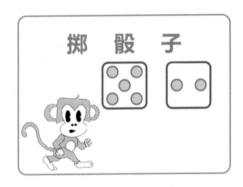

图 2-4 《掷骰子》的游戏界面

《掷骰子》游戏程序中包含 3 个角色，分别为"码猿"、"骰子 1"和"骰子 2"，如图 2-5 所示。

图 2-5 角色列表

骰子角色应包含 6 个造型，用于表示取值范围为 1 ～ 6 的不同点数，如图 2-6 所示。

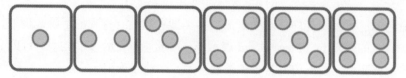

图 2-6　骰子角色的 6 个造型

1. 变量的创建

在创建变量时，在积木区中先选择"变量"模块，然后单击"建立一个变量"按钮，弹出"新建变量"对话框，如图 2-7 所示。在"新建变量"对话框中需要选择变量的作用范围，即变量的作用域。变量的作用域决定了变量可以被什么角色访问。在本案例中，我们选择"适用于所有角色"单选按钮，使变量可以被所有角色访问。

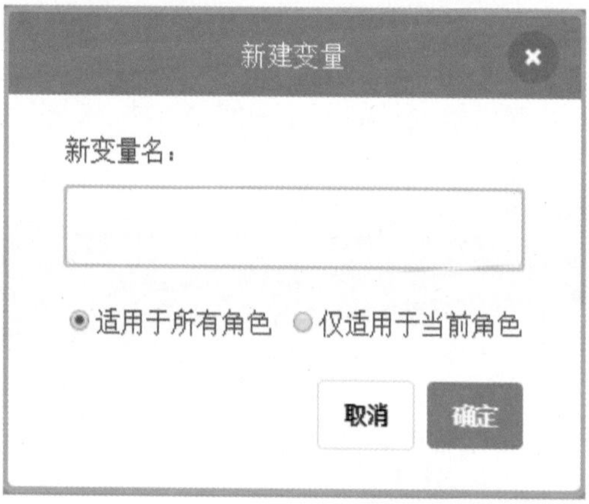

图 2-7　"新建变量"对话框

如果选择"仅适用于当前角色"单选按钮，则创建的变量为局部变量。局部变量只能被当前角色访问，不能被其他角色访问。不同角色可以使用相同名称的局部变量。例如，在包含了两个赛车角色的游戏中，每个角色的相关代码中都包含一个局部变量 speed，用于表示赛车的移动速度，两个赛车角色可以分别修改各自的 speed 变量值，互不干扰。也就是说，如果将第一个赛车角色的 speed 变量值设置为 10，将第二个赛车角色的 speed 变量值设置为 20，那么第二个赛车角色比第一个赛车角色跑得快。

如果选择"适用于所有角色"单选按钮，则创建的变量为全局变量。全局变量能被所有角色访问，有利于角色间的信息交流和同步。例如，一个游戏在刚开始时需要玩家选择难度级别，可以创建一个名为 gameLevel 的全局变量，并且设置不同的数值，用于区分不同的游戏难度，在后续的游戏操作中，可以根据全局变量 gameLevel 的值确定玩家选择的难度。

2. 变量的使用

在本案例中，我们添加了两个全局变量，分别为 rand1 和 rand2。"码猿"角色的代码如图 2-8 所示。在单击"运行"按钮 🏳 后，"码猿"角色会生成两个取值范围为 1～6 的随机数，并且将其分别存储于全局变量 rand1 和 rand2 中；然后给角色"骰子 1"和"骰子 2"广播一条 roll 消息，用于控制骰子的循环滚动（造型切换），并且分别停止在编号为全局变量 rand1 和 rand2 所指定的值的造型上；最后"码猿"角色使用 说 ⬜ 2 秒 积木显示全局变量 rand1 和 rand2 之和。

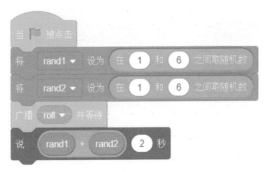

图 2-8 "码猿"角色的代码

两个骰子角色的代码如图 2-9 所示。在骰子角色接收到"码猿"角色广播的 roll 消息后，骰子角色的 6 个造型会切换 20 次，模仿摇骰子的动作，最后根据"码猿"角色生成的两个随机数确定最终显示的造型编号。

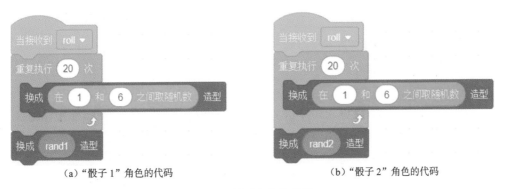

（a）"骰子 1"角色的代码 　　　　　　　（b）"骰子 2"角色的代码

图 2-9 骰子角色的代码

3. 修改变量的值

Scratch 中有两块积木可以修改变量的值：将 ⬛ 设为 0 积木可以直接给变量设置一个值，无论之前的值是什么；将 ⬛ 增加 1 积木可以对当前的值进行增加或减少（使用负数）操作。使用这两种积木计算圆的周长和面积，如图 2-10 所示。

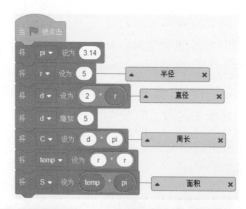

图 2-10 使用 将 ▼ 设为 0 积木和 将 ▼ 增加 1 积木计算圆的周长和面积

在上面的代码中，使用 将 d ▼ 增加 5 积木将圆的直径变量 d 增加 5，使用 将 C ▼ 设为 d * pi 积木将圆的周长变量 C 设定为 d 和 pi 的积，使用一个临时变量 temp 记录圆的半径的平方，最后将 temp 与 pi 的积赋给圆的面积变量 S。

2.2.4 克隆体的变量

每个角色都有许多与之相关的属性，如 x 坐标、y 坐标、方向等，它们都存储于一个容器中。可以将这个容器想象成一个书包，其中存储着该角色所有属性的值，以及该角色的所有局部变量。

当角色被克隆时，克隆体会继承原角色的所有属性和局部变量，并且它们的值与原角色相等，如图 2-11 所示。但是在角色被克隆之后，克隆体的属性和局部变量的变化不会影响原角色，当然，原角色的属性和局部变量的变化也不会影响克隆体，二者的变化都是独立的。

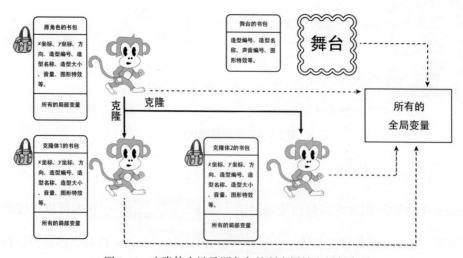

图 2-11 克隆体会继承原角色的所有属性和局部变量

为了解释图 2-11，我们假设原角色有一个值为 10 的局部变量 speed。当原角色被克隆时，克隆体会继承局部变量 speed，其值也为 10。之后如果将原角色的局部变量 speed 的值修改为 20，那么克隆体的局部变量 speed 的值依然为 10。根据这个特性可以区分不同的克隆体，如图 2-12 所示。

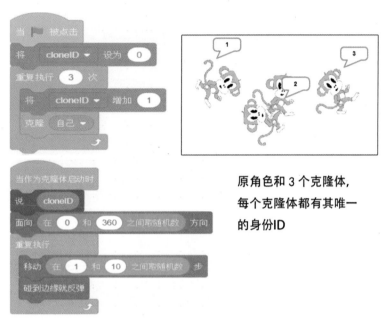

图 2-12　根据局部变量区分不同的克隆体

在图 2-12 中，原角色有一个名为 cloneID 的局部变量。在单击"运行"按钮 后，代码重复执行 3 次，每次设置 cloneID 为不同的值（本案例中分别为 1、2、3），然后克隆原角色。每个克隆体都会有自己的局部变量 cloneID 且变量值不同。根据克隆体的代码可知，克隆体会随机地向不同的方向移动。克隆体代码只能控制克隆体，无法控制原角色，因此原角色没有移动。

最后讨论一下克隆体和全局变量，全局变量可以被舞台、所有角色和克隆体读 / 写。根据全局变量可以判断克隆体何时全部被删除，如图 2-13 所示。

在图 2-13 的代码中，将原角色的全局变量 cloneNUM 的值设置为 6，然后创建 6 个克隆体并等待全局变量 cloneNUM 的值变为 0。在克隆体启动（右侧代码）后先随机等待一段时间，再随机定位到舞台某处，然后说"你好！"并停顿 2 秒，最后删除自己。注意，在删除克隆体之前将全局变量 cloneNUM 的值减少了 1。在 6 个克隆体都被删除后，全局变量 cloneNUM 的值变为 0，此时主程序不再等待，它会继续向下执行，说"游戏结束！"并停顿 3 秒。

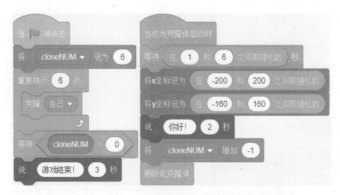

图 2-13　根据全局变量判断克隆体何时全部被删除

2.2.5　变量值显示器

在游戏中经常需要观察变量值的变化。例如，在《射气球》游戏中，玩家需要观察射中了多少个气球。在调试程序时，我们也会通过跟踪变量值来观察某段程序的运行结果与我们设想的结果是否一致。变量值显示器就是用于完成以上任务的。在积木区中，勾选积木左侧的复选框即可显示变量值显示器，取消勾选积木左侧的复选框即可隐藏变量值显示器，也可以在程序中使用 ▢显示变量 ▾ 积木和 ▢隐藏变量 ▾ 积木进行控制。

变量值显示器可以用于读取或更改变量值。变量值显示器有 3 种模式，分别为正常显示模式（默认模式）、大屏幕显示模式和滑块模式，双击舞台上的变量值显示器，变量值显示器可以在 3 种模式之间切换。如果变量值显示器当前处于滑块模式，那么开发者可以在变量值显示器上右击，在弹出的快捷菜单中选择"改变滑块范围"命令，打开"改变滑块范围"对话框，在该对话框中可以设置滑块的最小值和最大值，从而使滑块在固定的取值范围内滑动。

在滑块模式下，可以在程序运行时动态地修改变量的值，有利于用户与程序间的交互。读者可以阅读并实现如图 2-14 所示的小游戏，体会滑块的用处。

图 2-14　通过滑块控制小风扇的转速

在这个案例中，右转 C 转速 · 1 度 积木使用 转速 积木表示小风扇旋转的速度。可以通过拖动滑块修改"转速"变量的值，也可以通过↑、↓方向键修改"转速"变量的值。

2.2.6　获取用户输入的方法

如果有一个数学测试类游戏，程序中角色提出各种算术题并要求玩家输入答案，那么如何获得用户的输入，从而判断其回答是否正确呢？

在 Scratch 中，可以使用"侦测"模块中的 询问 ⬭ 并等待 积木获取用户的输入。询问 ⬭ 并等待 积木有一个给用户提示信息的字符串参数，提示通常以疑问句的形式出现。注意，该积木的展现形式与角色的显示状态有关，如图 2-15 所示。如果 询问 ⬭ 并等待 积木的命令是由舞台发出的，那么询问会以角色隐藏状态的展现形式展现。

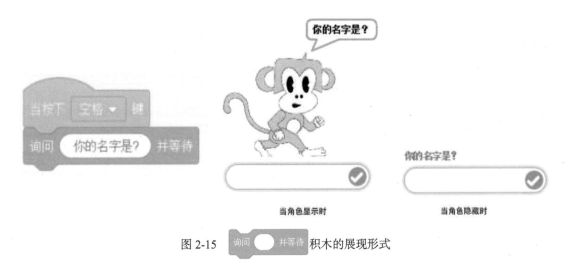

图 2-15　询问 ⬭ 并等待 积木的展现形式

在执行 询问 ⬭ 并等待 积木中的代码后，会等待用户输入，直到用户按下回车键或单击输入框右侧的对钩图标。在用户输入完毕后，Scratch 会将输入的内容存储于 回答 积木中，然后立刻执行 询问 ⬭ 并等待 积木后面积木中的代码。

2.3　算术运算符与表达式

Scratch 运算符主要包括算术运算符、比较运算符、逻辑运算符和字符串运算符。本节我们主要介绍算术运算符及其表达式。

"运算"模块中的积木包括算术运算积木和数学函数积木，如图 2-16 所示。

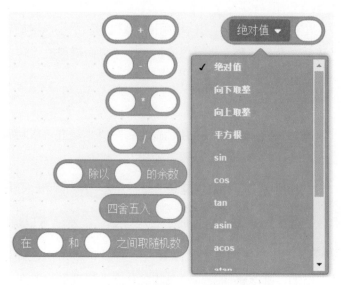

图 2-16　算术运算积木和数学函数积木

算术运算积木中包含加、减、乘、除运算符，可以进行相应的算术运算。

数学函数积木主要用于处理一些特殊的算术运算符，从而实现相应的运算功能，如求绝对值、求平方根、实现三角函数等。

算术表达式由算术运算符和操作数组成，主要用于计算算术运算符和操作数组成的数学式子的结果。根据算术运算符的个数，可以将算术表达式分为简单算术表达式和复杂算术表达式。简单算术表达式中只含有一个算术运算符，如 5+15；复杂算术表达式中含有两个或更多个算术运算符，如 5+8+6*4。

可以使用"运算"模块中的积木表示相应的算术表达式，举例如下。

5+8+6*4：

|-12|+sin(60)*10：

2.4　字符串运算符

字符串运算符主要用于对字符串进行操作，主要包含以下 3 种操作。

（1）连接两个字符串，如  积木可以将字符串 "apple" 和字符串 "banana" 连接成字符串 "applebanana"。

（2）读取字符串中的第 i 个字符，如 积木可以读取字符串 "apple" 中的第一个字符 'a'。

（3）获取字符串长度，如 积木可以获取字符串 "apple" 的长度 5。

下面我们设计一个用于获取字符串长度的程序，让用户输入一个字符串，然后计算机说出它的长度，代码如图 2-17 所示。

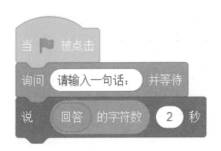

图 2-17　获取字符串长度

下面我们设计《倒着说》程序：业业很调皮，经常将妈妈的话倒着说一遍。例如，妈妈说"业业吃梨"，业业就会说"梨吃业业"。首先设计《倒着说》的程序界面，如图 2-18 所示。

图 2-18　《倒着说》的程序界面

《倒着说》程序中的舞台背景和角色如图 2-19 所示，它们分别可以在 Scratch 自带的舞台背景库和角色库中找到。

选取的角色可能不符合实际大小，可以通过如图 2-20 所示的代码修改角色的大小。

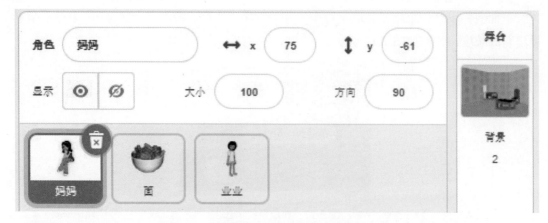

图 2-19 《倒着说》程序中的舞台背景和角色

图 2-20 修改角色大小的代码

在《倒着说》程序中，需要定义 3 个变量，分别为"对话"、"反话"和 i，其中"对话"变量用于存储妈妈说的话，"反话"变量用于存储业业说的话，i 变量用于存储妈妈说的话中的第 i 个字符，如图 2-21 所示。

图 2-21 《倒着说》程序中定义的变量

《倒着说》程序中的舞台代码如图 2-22 所示。在程序启动后，首先询问"让妈妈说什么？"，然后将用户输入的字符串存储于"对话"变量中，最后通过广播"妈妈说话"，通知"妈妈"角色说话。

选取"妈妈"角色，编写如图 2-23 所示的代码。"妈妈"角色在接收到"妈妈说话"的消息后开始说话，并且停顿 2 秒，然后广播"业业说话"，通知"业业"角色说话。

图 2-22 《倒着说》程序中的舞台代码

图 2-23 《倒着说》程序中"妈妈"角色的代码

选取"业业"角色，编写如图 2-24 所示的代码。"业业"角色在接收到"业业说话"的消息后，需要将"妈妈"角色的话倒着组装好并存储于"反话"变量中，然后说反话。如何倒着组装"妈妈"角色的话呢？首先获取"妈妈"角色的"对话"变量中的字符串长度并将其存储于 i 变量中，然后将"对话"变量中最后一个字符存储于"反话"变量中，接着在每次循环中，将变量 i 的值依次减 1，从而将"对话"变量中的字符逐个倒着存储于"反话"变量中。

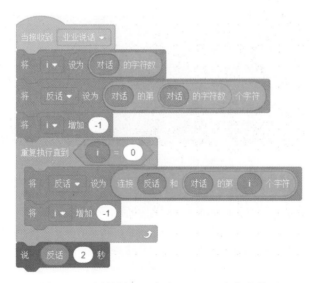

图 2-24 《倒着说》程序中"业业"角色的代码

在编写好所有代码后，单击"运行"按钮 ▶，即可运行程序。

2.5 吹泡泡

2.5.1 任务描述

《吹泡泡》是一种常见的儿童游戏，制作一个模拟码猿吹泡泡过程的程序。

2.5.2 任务实施

本任务需要综合运用克隆、变量值显示器等知识模拟吹泡泡的过程，并且能够对泡泡的大小、颜色进行实时控制。《吹泡泡》的游戏界面如图 2-25 所示。

图 2-25 《吹泡泡》的游戏界面

根据图 2-25 可知，《吹泡泡》游戏的程序中主要包含"吹泡泡力度"和"泡泡颜色"两个变量，并且通过克隆技术创建不同的泡泡。"吹泡泡力度"变量是一个全局变量，用于设置码猿吹出来的泡泡大小；"泡泡颜色"变量是隶属于每个泡泡克隆体的局部变量，用于设置每个泡泡的外观颜色，可以通过滑块控制变量值。吹泡泡部分的代码如图 2-26 所示，泡泡克隆体部分的代码如图 2-27 所示。

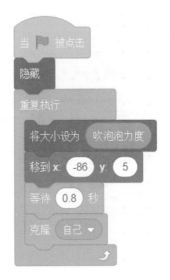

图 2-26　吹泡泡部分的代码

图 2-27　泡泡克隆体部分的代码

试着为本任务增加一些变量（如"风向""光照""泡泡破裂概率"等），可以
通过滑块控制变量值，从而进一步提高游戏的真实性。

任务拓展

2.6　奔跑吧机器人

2.6.1　任务描述

机器人的身体为球形，头部为半球形，上面还有一个类似于眼睛的东西（它的传感器），如图 2-28 所示。

图 2-28　机器人

本任务制作一个游戏，通过键盘上的←方向键和→方向键控制机器人奔跑。

2.6.2　任务实施

　　本任务的关键在于机器人的运动控制，为了方便代码编写，可以将机器人的身体和头部分成两个角色。当玩家按→方向键时，机器人的身体向右侧滚动；当玩家按←方向键时，机器人的身体向左侧滚动。在机器人的身体滚动时，它的头部需要与身体保持同步，并且向相应的方向倾斜。在玩家松开方向键后，机器人应在一定的摩擦作用下慢慢地停止滚动。《奔跑吧机器人》的游戏界面如图 2-29 所示。

图 2-29　《奔跑吧机器人》的游戏界面

根据图 2-29 可知，本任务共包含 2 个角色和 3 个变量。对于舞台背景，读者可以自行设计完成。Body 角色表示机器人的身体，Head 角色表示机器人的头部。"速度系数"变量表示机器人在滚动时，在遇到自然阻力后速度减慢的系数，值为大于 0、小于 1 的小数，该值越小，表示阻力越大。"倾斜系数"变量表示机器人在滚动时，它的头部向相应方向倾斜的程度，它的值为大于 1 的整数。"速度系数"变量和"倾斜系数"变量的值均可以通过滑块实时控制。speed 变量用于控制机器人身体滚动的速度。Body 角色的代码如图 2-30 所示。

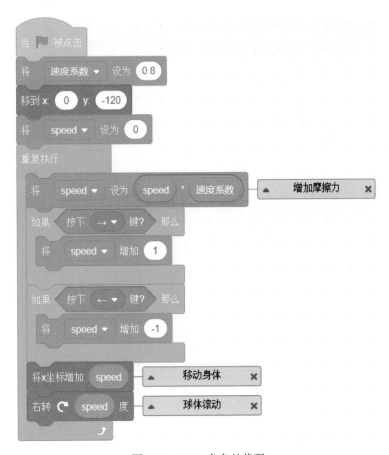

图 2-30　Body 角色的代码

从 Body 角色的代码中可以看出，玩家通过键盘上的←方向键和→方向键控制机器人向左、向右移动。在玩家松开方向键后，根据物理定律，机器人不应该马上停止或继续匀速运动，它应该在摩擦力的作用下，速度逐渐减慢直至停止。所以，我们将 speed 变量不断地累乘"速度系数"变量，使速度越来越慢。

Head 角色的代码如图 2-31 所示。

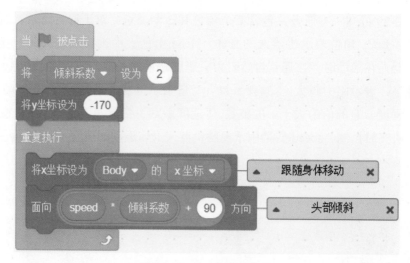

图 2-31　Head 角色的代码

Head 角色的主要功能是使机器人的头部跟随身体移动，并且在移动过程中保持一定的倾斜角度。

试着发挥想象力，为本任务中的机器人增加一些新本领，如跳跃、转头、人机对话等，从而进一步提高游戏的可玩性。

任务拓展

2.7　大鱼吃小鱼

2.7.1　任务描述

制作游戏，通过方向键控制鲨鱼移动去抓小鱼，每碰到一条小鱼就得 1 分，游戏总时间为 60 秒。

2.7.2　任务实施

本任务需要玩家使用键盘上的方向键控制鲨鱼移动，在小鱼被鲨鱼碰到后会被吃掉（隐藏小鱼），然后等待 2 秒再随机出现一条小鱼，鲨鱼每吃掉一条小鱼就加 1 分。需要创建两个变量，一个变量用于计分，另一个变量用于进行 60 秒倒计时。《大鱼吃小鱼》的游戏界面如图 2-32 所示。

实现《大鱼吃小鱼》游戏的程序主要包括鲨鱼控制、鱼群移动和变量处理共三方面工作。

鲨鱼角色可以采用 Scratch 的角色库中的 Shark 角色，该角色自带两个造型，用于模拟鲨鱼嘴巴的张开和闭合。模拟鲨鱼嘴巴开合的代码如图 2-33 所示。

图 2-32 《大鱼吃小鱼》的游戏界面

图 2-33 模拟鲨鱼嘴巴开合的代码

通过键盘上的方向键控制鲨鱼移动的代码如图 2-34 所示。注意，为了防止 Shark 角色上下颠倒，应使用 将旋转方式设为 左右翻转 ▼ 积木设置 Shark 角色的旋转方式。

为了记录玩家获取的分数和游戏剩余的时间，本游戏需要创建"时间"和"分数"两个全局变量。单击"运行"按钮 ▶，开始倒计时 60 秒，并且将分数初始化为 0，方便后面记分，相关代码如图 2-35 所示。

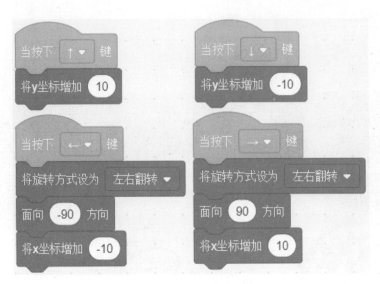

图 2-34　控制鲨鱼移动的代码

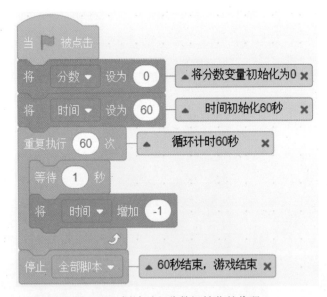

图 2-35　倒计时和分数初始化的代码

　　下面设计鱼群角色，可以采用 Scratch 的角色库中的 Fish1 角色、Fish2 角色、Fish3 角色。鱼群在舞台上随机出现，不同鱼的游动速度应不一样。如果小鱼碰到鲨鱼，则这条小鱼会被鲨鱼吃掉，将这条小鱼隐藏并将分数增加 1。小鱼角色的代码如图 2-36 所示。

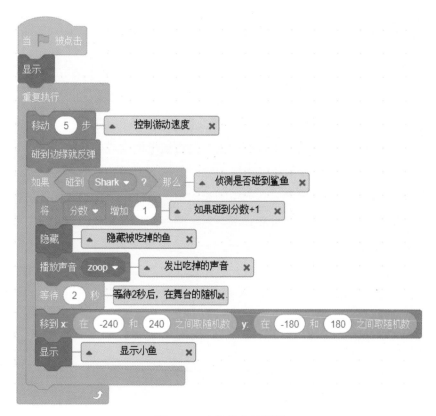

图 2-36　小鱼角色的代码

以上为一个小鱼角色的代码，其他小鱼角色的代码与之类似，将整段代码拖动到不同的小鱼角色上即可完成复制功能。在复制完成后，修改不同小鱼的游动速度，从而实现小鱼游动速度不同的功能。

任务拓展　试着为本任务中的小鱼增加一些智能，从而提高其生存的概率。例如，当鲨鱼向小鱼靠近时，小鱼可以侦测出危险并向相反的方向游动躲避。

本章小结

变量是编程中最重要的概念之一。它是一块可以存储信息的计算机内存空间，存储的内容包括数字、字符串等。程序语言中的运算符可以用于对操作数进行各种运算。

本章介绍了 Scratch 支持的数据类型、变量、算术运算符与表达式，讲解了使用 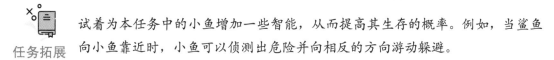 积木获取用户输入的方法，还编写了一些涉及变量值显示器的交互式程序。

练一练

（1）设计一个《猜数字》游戏。要求：随机生成一个取值范围为 1 ～ 10 的整数，作为待猜数字。在游戏开始后，玩家输入猜测值，游戏给出偏大或偏小的提示，直到玩家猜中。在玩家猜中后游戏结束并显示玩家猜测次数。

（2）根据中国古代的数学名题——鸡兔同笼问题，设计一个《鸡兔同笼》数学应用程序，要求：用户输入笼子中头的数量和脚的数量，程序回答鸡和兔各有几只。在输入时要进行规范检查，并且注意头和脚的数量要求。

（3）设计一个《猫抓老鼠》趣味游戏，具体要求如下：

- 有舞台背景和两个或更多个角色；
- 玩家通过方向键控制猫的运动，老鼠由计算机控制；
- 每抓住一只老鼠加 1 分，并且在屏幕上显示累积的分数；
- 老鼠在被猫抓住后，会再次在舞台上随机出现。

（4）设计一个射击游戏，具体要求如下：

- 飞机包含两个造型，一个正常造型，一个飞机破损造型。
- 可以通过←、→方向键控制飞机向左、向右移动，并且定时发射子弹。
- 空中随机出现太空飞行物，并且不断地向下坠落。
- 如果飞机的子弹打中飞行物，则飞行物消失，并且获得 1 分，累积获得 50 分，游戏胜利；如果飞行物碰到飞机，则飞机破损，游戏结束。

（5）设计一个《码猿购物》趣味游戏，具体要求如下：

- 单击"清空"按钮会将购物车中的物品全部清空，并且将价格计数器清零。
- 通过鼠标可以将货架上的物品拖动到购物车中；
- 累积计算购物车中的物品价格并显示；
- 游戏效果如图 2-37 所示，读者也可以自行设计。

（6）设计一个《龟兔赛跑》益智游戏，要求：玩家通过答题的方式给小乌龟加油，每答对一题，小乌龟的速度就增加一点，如果答题速度足够快、答对的题足够多，小乌龟就可以率先冲到终点赢得比赛。

（7）设计一个《简易计算器》算术应用，要求：实现加法、减法、乘法、除法和清零功能。

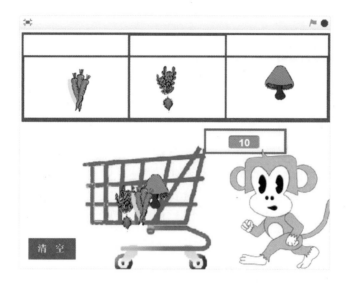

图 2-37 《码猿购物》游戏的效果图

03 运动与绘图

本章主要介绍"运动"模块和"绘图"模块中积木的使用方法。与绘画、作曲、雕塑等艺术创作类似，编程也需要大量的动手实践，光看不练是学不会的。想要真正地掌握某个概念，一定要在程序的语境中理解它，并且主动去做练习，如修改某个数据、调整某条语句的位置等。

3.1 "运动"模块

3.1.1 "运动"模块中的积木概览

顾名思义，"运动"模块中的积木的作用是让角色进行相应的运动。"运动"模块中的积木可以分为 4 组：①绝对运动积木，②相对运动积木，③面向运动积木，④其他运动积木，如图 3-1 所示。

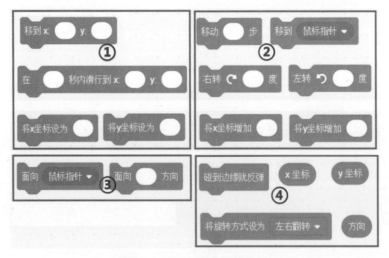

图 3-1 "运动"模块中的积木

① 绝对运动积木。

移到 x: ● y: ● 积木：将角色移动到指定的坐标位置。

在 ● 秒内滑行到 x: ● y: ● 积木：将角色在指定时间内滑行到指定坐标位置。

将x坐标设为（ ）积木：将角色的 x 坐标设置为指定的值。

将y坐标设为（ ）积木：将角色的 y 坐标设置为指定的值。

② 相对运动积木。

移动（ ）步 积木：将角色从当前位置向当前方向移动指定的步数。

左转 ↺（ ）度 积木：将角色逆时针旋转指定的角度。

右转 ↻（ ）度 积木：将角色顺时针旋转指定的角度。

将x坐标增加（ ）积木：将角色当前的 x 坐标增加指定的步数。

将y坐标增加（ ）积木：将角色当前的 y 坐标增加指定的步数。

移到 鼠标指针▼ 积木：将角色从当前位置移动到鼠标指针的位置；如果在积木中指定了其他角色，则将角色从当前位置移动到指定角色的位置。

③ 面向运动积木。

面向 鼠标指针▼ 积木：将角色面向鼠标指针；如果在积木中指定了其他角色，则将角色面向指定的角色。

面向（ ）方向 积木：将角色面向指定的方向，如面向上方（0°）、面向下方（180°）、面向左方（-90°）、面向右方（90°）。

④ 其他运动积木。

碰到边缘就反弹 积木：角色在移动的过程中遇到舞台边缘就反弹回来，向相反的方向移动。

将旋转方式设为 左右翻转▼ 积木：角色的旋转方式有 3 种，分别为左右翻转、任意旋转和不可旋转。

x坐标 、 y坐标 、 方向 积木：如果勾选这类积木前面的复选框，则会在舞台上显示角色当前的 x 坐标、y 坐标和面向的方向。

"运动"模块中的积木及其功能如表 3-1 所示。

表 3-1 "运动"模块中的积木及其功能

积 木 类 型	功 能
移动 10 步	向角色当前运动的方向移动 10 步
右转 ↻ 15 度	顺时针旋转 15°

续表

积木类型	功能
左转 15 度	逆时针旋转 15°
面向 90 方向	面向上方（0°）、面向下方（180°）、面向左方（-90°）、面向右方（90°）
面向 鼠标指针	面向鼠标指针（或指定的角色）
移到 x: 0 y: 0	移动到（0,0）坐标位置
移到 鼠标指针	移动到鼠标指针（或指定角色）的位置
在 1 秒内滑行到 x: 0 y: 0	在1秒内滑行到（0,0）坐标位置
将x坐标增加 10	将角色的 x 坐标增加或减少相应的值，正数表示向右移动，负数表示向左移动
将x坐标设为 0	设置角色的 x 坐标（水平位置）
将y坐标增加 10	将角色的 y 坐标增加或减少相应的值，正数表示向上移动，负数表示向下移动
将y坐标设为 0	设置角色的 y 坐标（垂直位置）
碰到边缘就反弹	在碰到舞台边缘后自动反弹，向相反的方向移动
将旋转方式设为 左右翻转	将角色的旋转方式设置为左右翻转（不可旋转、任意旋转）
x坐标	在舞台左上角显示当前角色的 x 坐标
y坐标	在舞台左上角显示当前角色的 y 坐标
方向	在舞台左上角显示当前角色面向的方向

3.1.2 "运动"模块中积木的应用

1. 绝对运动积木

如果要制作游戏或带有动画的程序，使用"运动"模块中的积木移动角色是最常见的操作。移动角色是指命令角色移动到舞台上某个具体的位置，或者旋转到一个特定的方向。

前面介绍过，Scratch 舞台是一个 480×360 的矩形网格，其中心点的坐标为（0，0）。在"运动"模块中，共有 4 种绝对运动积木（ 移到 x: ◯ y: ◯ 、 在 ◯ 秒内滑行到 x: ◯ y: ◯ 、

将x坐标设为 ◯ 和 将y坐标设为 ◯ ），它们能精确地将角色移动到舞台上的某个具体位置。

下面制作一个码猿摘星星的动画，用于讲解绝对运动积木的使用方法。如果知道"码猿"角色和"星星"角色的坐标，则可以使用绝对运动积木移动"码猿"角色，使其"摘"到"星星"角色，如图 3-2 所示。在图 3-2 中，"码猿"角色的坐标为（0，0），"星星"角色的坐标为（200，200），要使"码猿"角色"摘"到"星星"角色，最简单的方式就是使用 移到 x: 200 y: 200 积木将"码猿"角色直接移到（200，200）坐标位置。

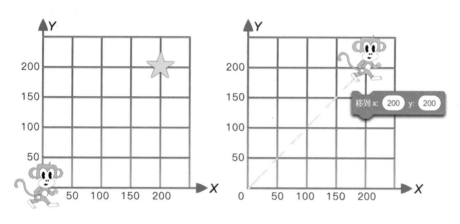

图 3-2　使用绝对运动积木移动"码猿"角色

"码猿"角色在移动时有两个问题：首先它没有面向"星星"角色，而是面向右方；其次它会从原点（0，0）瞬间移动到目标点（200，200）。第一个问题将在介绍相对运动积木时解决，先解决第二个问题。使"码猿"角色缓慢移动，而非瞬间移动，从而增强视觉效果，可以使用 在 1 秒内滑行到 x: 200 y: 200 积木实现。虽然 移到 x: 200 y: 200 积木和 在 1 秒内滑行到 x: 200 y: 200 积木都能将角色移动到某个具体位置，但是后者可以设置移动所花费的时间，从而使"码猿"角色缓慢地移动到目标点。

2．相对运动积木

如果不知道"码猿"角色和"星星"角色的坐标，如图 3-3 所示，1 格表示 10 步，那么如何使"码猿"角色"摘"到"星星"角色呢？可以使用相对运动积木移动"码猿"角色，使其"摘"到"星星"角色。

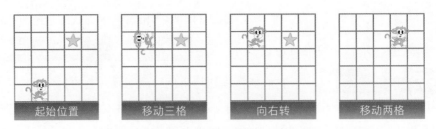

图 3-3　使用相对运动积木移动"码猿"角色

在图 3-3 中，首先将"码猿"角色面向上方移动三格，然后将其面向右方移动两格，即可摘到"星星"角色。使用相对运动积木移动"码猿"角色的代码如图 3-4 所示。

图 3-4　使用相对运动积木移动"码猿"角色的代码

在图 3-4 中，面向 0 方向 积木使"码猿"角色的移动方向向上，面向 90 方向 积木使"码猿"角色的移动方向向右。因此，角色的移动方向主要取决于角色当前面向的方向。Scratch 中角色面向的方向对应的角度如图 3-5 所示。

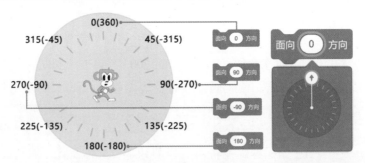

图 3-5　Scratch 中角色面向的方向对应的角度

使用 面向 方向 积木可以将角色旋转到任意角度。单击角度参数的凹槽，弹出一个用于选择角度值的仪表盘，可以拖动仪表盘指针旋转并选择相应的角度值。

有两种方法可以得到角色当前方向的角度值：

- 在角色操作区的信息区域，可以看到角色的名称、坐标、方向等信息，如图 3-6 所示。

图 3-6　角色操作区的信息区域

- 在"运动"模块中勾选 方向 积木左侧的复选框，即可在舞台左上角显示角色当前方向的角度值，如图 3-7 所示。

图 3-7　显示角色当前方向的角度值

3. 其他重要的积木

"运动"模块中还有 4 个非常重要的积木：面向 鼠标指针 ▼ 、移到 鼠标指针 ▼ 、碰到边缘就反弹 和 将旋转方式设为 左右翻转 ▼ 。其中，前 3 个积木容易理解，这里着重介绍第 4 个积木的使用方法。

细心的读者可能已经发现了，在将角色的方向设置为"向左"（面向 -90 方向 ）时，某些角色变成了倒立的形态，这是因为 Scratch 中的角色在旋转或碰到边缘反弹时，默认将角色的旋转方式设置为任意旋转（将旋转方式设为 任意旋转 ▼ 积木使角色

以中心点为轴进行旋转）；如果不希望产生倒立效果，可以将角色的旋转方式设置

为左右翻转（ 将旋转方式设为 左右翻转 积木使角色只面向左、右两个方向）或不可旋转

（ 将旋转方式设为 不可旋转 积木使角色只面向默认方向）。

3.2　控制码猿运动

3.2.1　任务描述

《控制码猿运动》游戏中的基本操作：玩家使用↑、↓、←、→方向键控制角色的移动，在碰到舞台边缘后反弹。《控制码猿运动》的游戏界面如图 3-8 所示。

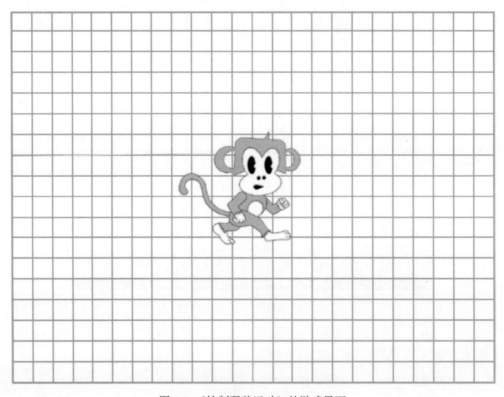

图 3-8　《控制码猿运动》的游戏界面

3.2.2　任务实施

1. 新建项目

启动 Scratch 程序，系统会自动创建一个新的项目。如果已经运行了 Scratch 程序，则在"文件"菜单中选择"新作品"命令。

2．编写程序

第 1 步：加入"码猿"角色。

首先删除默认角色，然后上传"码猿"角色的图像文件（可以从教材配套资源中找到，下同），并且给"码猿"角色起一个有实际意义的名字，这里命名为"码猿"。

第 2 步："码猿"角色的初始化。

在计算机编程领域中，初始化是指给数据对象或变量赋初值。初始化的方法取决于所用的程序语言、初始化对象的存储类型等属性。在编写 Scratch 程序时，一般要先对角色、舞台背景等进行初始化设置。在本任务中，"码猿"角色的初始化代码如图 3-9 所示。

图 3-9 "码猿"角色的初始化代码

单击"运行"按钮▶，即可将"码猿"角色移动到舞台上直角坐标系的原点，面向右方（0°表示面向上方、90°表示面向右方、180°表示面向下方、−90°表示面向左方，其他度数以此类推），并且说出一句问候提示语"请试试按键盘上的方向键"，这句提示语会在 2 秒后消失。如果要停止运行程序，则可以单击"停止"按钮●。

第 3 步：控制"码猿"角色面向上方移动。

通过方向键控制角色移动是一项非常基础、常用的游戏操作，控制"码猿"角色面向上方移动的代码如图 3-10 所示。

图 3-10 控制"码猿"角色面向上方移动的代码

单击"运行"按钮▶开始游戏，在玩家按下↑方向键后，"码猿"角色会面向上方移动 20 步，玩家不断地按下↑方向键，"码猿"角色会不断地面向上方移动 20 步，每移动一次都会发出"砰"的脚步声，在碰到舞台边缘后反弹。

第 4 步：控制"码猿"角色向其他方向移动。

参照图 3-10 中的代码，编写控制"码猿"角色面向下方、左方、右方移动的代码，如图 3-11 所示。

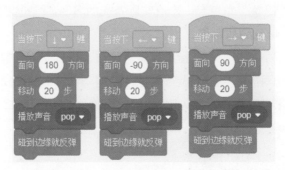

图 3-11　控制"码猿"角色面向下方、左方、右方移动的代码

在完成控制"码猿"角色面向 4 个方向移动的代码后，是否觉得 4 段代码非常相似？如何处理重复的代码将在第 7 章详细介绍。

动手试一试 3-1

除了可以控制"码猿"角色面向上方、下方、左方、右方移动外，是否可以增加更多移动的方向？动手试一试。

如何调整"码猿"角色移动的速度？

第 5 步：执行程序并保存项目。

单击"运行"按钮 🚩 运行程序，查看运行效果。最后在"文件"菜单中选择"保存到电脑"命令，将项目存储于指定位置，并且为该程序起一个合适的名字。

本任务控制了"码猿"角色的移动，试着在此基础上增加一个动物角色，并且利用键盘上的其他按键编写该角色的移动控制代码，然后邀请身边的小伙伴一起参与你的游戏。

任务拓展

3.3 "画笔"模块

3.3.1 "画笔"模块中的积木概览

"运动"模块中的积木可以将角色移动到舞台上的任意位置，但我们怎样才能看到角色移动时的轨迹呢？这时就需要使用画笔了。

在 Scratch 中，每个角色都有一支看不见的画笔，这支画笔只有两种互斥状态：落笔和抬笔。

如果当前画笔处于落笔状态，那么角色在移动时，会按照画笔预先设置的属性（颜色、大小、色度）绘制轨迹；反之，如果当前画笔处于抬笔状态，那么角色在移动时，不会留下任何轨迹。角色的画笔默认处于抬笔状态。使用"画笔"模块中的积木可以设置画笔的状态和属性，如落笔、抬笔、画笔颜色、画笔大小、画笔亮度等。

单击积木区左下角的"添加扩展"按钮![添加扩展]，选择"画笔"模块，"画笔"模块就会出现在积木区中。"画笔"模块中的积木及其功能如表 3-2 所示。

表 3-2 "画笔"模块中的积木及其功能

积木类型	功能
全部擦除	清除舞台上的笔迹和图章
图章	在舞台上复制角色图像
落笔	画笔落笔状态，表示使角色开始绘制自己的移动轨迹
抬笔	画笔抬笔状态，表示使角色停止绘制自己的移动轨迹
将笔的颜色设为 ●	设置画笔颜色
将笔的 颜色 ▾ 增加 10	修改画笔颜色
将笔的 颜色 ▾ 设为 50	将画笔颜色设置为特定的值（0：红色；70：绿色；130：蓝色）
将笔的粗细增加 1	修改画笔的粗细
将笔的粗细设为 1	设置画笔的粗细

3.3.2 "画笔"模块中积木的应用

读者可以制作一个简单的画图程序：使用方向键移动角色，同时绘制角色的移动轨迹。当按↑方向键时，角色会向上移动 10 步；当按↓方向键时，角色会向下移动 10 步；当按←方向键时，角色会逆时针旋转 10°；当按→方向键时，角色会顺时针旋转 10°。

因此，如果希望角色逆时针旋转 90°，则需要连续按 9 次←方向键。简单画图程序的代码如图 3-12 所示。

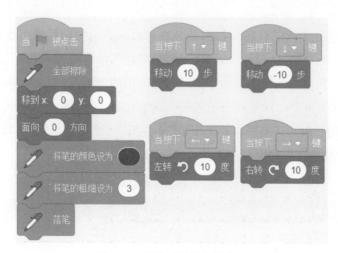

图 3-12　简单画图程序的代码

单击"运行"按钮 ▮ 运行程序，首先使用 ✏️ 全部擦除 积木清除舞台上的所有笔迹和图章，然后将角色移动到舞台中央并面向上方，接下来设置画笔的颜色和粗细，最后落笔。

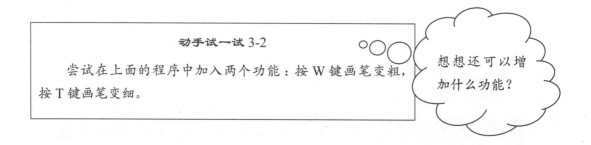

动手试一试 3-2

　　尝试在上面的程序中加入两个功能：按 W 键画笔变粗，按 T 键画笔变细。

想想还可以增加什么功能？

3.3.3　绘制多边形

　　通过重复执行特定积木中的代码，可以创建许多神奇的艺术图案。绘制正多边形的代码片段如图 3-13 所示。在图 3-13 中，修改代码中的边数（如将边数设置为 5 就是绘制一个正五边形）和边长（控制正多边形每条边的边长，如将边长设置为 50）即可绘制各种正多边形。图 3-13 右侧的图案是用该代码绘制的 6 个相同边长的正多边形。

图 3-13　绘制正多边形的代码片段

　　绘制图 3-13 中的 6 个相同边长的正多边形的完整代码如图 3-14 所示。首先清除舞台上的所有笔迹和图章，然后设置画笔的方向、起始位置、颜色、粗细、状态等，再设置边数和边长（边数为 3 表示先画三角形），接下来重复执行 6 次，表示一共要画 6 个正多边形，绘制每个正多边形的代码与图 3-13 中的代码类似，每绘制一个正多边形，都将边数增加 1，最后抬笔并隐藏画笔。

图 3-14　绘制 6 个相同边长的正多边形的完整代码

动手试一试 3-3

读者可以尝试设置不同的边数，并且想象一下是否可以绘制一个圆形。

圆形可以看成是n条边的正多边形，边数越多，越接近圆形。

3.3.4　图章

通过旋转和重复执行操作，可以将简单图案（如正方形）变成复杂图案。但如果我们要旋转的不是简单图案，而是复杂图案，那么应该如何操作？遇到这种情况，我们通常会在绘图编辑区中创建出这个复杂图案的造型，然后使用 图章 积木在舞台上不断地复制。下面使用 图章 积木绘制一个大风车图案，如图 3-15 所示。

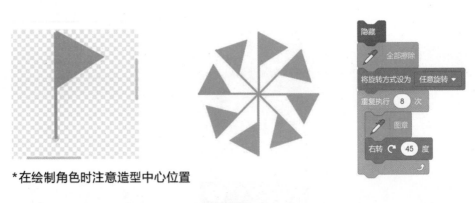

*在绘制角色时注意造型中心位置

图 3-15　使用 图章 积木绘制大风车图案

读者可以在绘图编辑区中绘制一个绿色旗帜图案（图 3-15 左侧），选择它作为角色的当前造型。注意，应该将造型的中心点设置为旗杆的底部，这样才能使绿色旗帜图案围绕这个点进行旋转。

图 3-15 右侧显示的是绘制大风车图案的代码。大风车图案由 8 个绿色旗帜图案构成，因此需要重复执行 8 次，从而复制 8 个绿色旗帜图案。每重复执行一次，都需要围绕中心点顺时针旋转 45°。注意，代码中需要使用 将旋转方式设为 任意旋转 积木，这样绿色旗帜图案才能旋转并复制。

3.4 绘制彩虹圈

3.4.1 任务描述

本任务要求使用 Scratch 画笔绘制一个彩虹圈，如图 3-16 所示。

图 3-16 彩虹圈

3.4.2 任务实施

完成本任务的关键是对"画笔"模块中 将笔的粗细设为 ○ 积木和 落笔 积木的理解程度。在 Scratch 中，在默认情况下，落笔 积木会以当前角色的中心点为圆心绘制一个实心圆，圆的直径即画笔的粗细。所以，要绘制图 3-16 中的彩虹圈，可以通过绘制颜色不一、大小不同的同心实心圆来完成。

绘制彩虹圈的部分代码如图 3-17 所示，从代码中可以看到一共绘制了红、黄、橙三种不同颜色的同心圆。如果需要绘制图 3-16 中的彩虹圈，还需要采用相同的方法继续绘制绿、深蓝、湖蓝、白四种不同颜色的同心圆。

动手试一试 3-4

尝试以动画形式呈现彩虹圈的绘制过程。

可以考虑在绘制过程中使用与延时有关的积木。

图 3-17　绘制彩虹圈的部分代码

3.5　神笔码猿画房子

3.5.1　任务描述

本任务要求利用 Scratch 画笔绘制一所房子，如图 3-18 所示。

图 3-18　需要绘制的房子

3.5.2 任务实施

第 1 步：创建背景和角色，如图 3-19 所示。

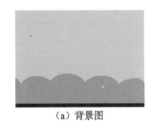

（a）背景图

（b）角色选取

图 3-19 《神笔码猿画房子》的背景和角色

第 2 步：编写初始化画笔的代码，如图 3-20 所示。

图 3-20 初始化画笔的代码

第 3 步：选中"码猿"角色，编写代码，使码猿走到神笔面前并通知神笔画房子，相关代码如图 3-21 所示。

图 3-21 "码猿"角色的代码

第 4 步：画房子。

在神笔接收到码猿的消息后，就会开始画房子。首先需要设置画笔的状态和属性，如图 3-22 所示。清空舞台，将"神笔"角色移动到（-11，-24）坐标位置，落笔，然后设置画笔颜色为红色、画笔粗细为 8。

图 3-22　设置画笔的状态和属性

在正式开始绘制之前，我们需要分析房子的形状，如图 3-23 所示，房子是由两个正方形和一个三角形构成的。

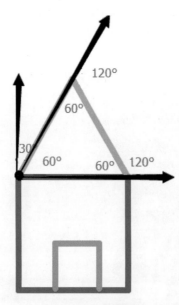

图 3-23　房子的形状

首先绘制正方形，代码如图 3-24 所示。

图 3-24　绘制正方形的代码

然后绘制屋顶的三角形，这里只需要画两条线，代码如图 3-25 所示。

图 3-25　绘制屋顶的代码

最后，需要给房子加一个门，其实这个门的画法就是正方形的画法，但这里只需要画 3 条边，代码如图 3-26 所示。

图 3-26　绘制门的代码

至此，我们的房子就画好了。

任务拓展　给房子绘制一个田字形的窗户，在房顶绘制烟囱，也可以绘制一些其他装饰，然后比比看谁绘制的房子最漂亮？

3.6 "侦测"模块

3.6.1 "侦测"模块中的积木概览

"侦测"模块中的积木主要用于侦测相关事件：碰到鼠标指针或角色、碰到颜色、询问的回答、键盘输入、按下鼠标键、鼠标指针的 x 坐标和 y 坐标、时间、音量等。"侦测"模块中的积木及其功能如表 3-3 所示。

表 3-3 "侦测"模块中的积木及其功能

积 木 类 型	功　能
碰到 鼠标指针 ▼ ?	如果当前角色碰到鼠标指针、指定角色或舞台边缘，则返回值为 true
碰到颜色 ◯ ?	如果当前角色碰到指定颜色，则返回值为 true
颜色 ● 碰到 ● ?	如果第一种颜色碰到第二种颜色，则返回值为 true
到 鼠标指针 ▼ 的距离	获取角色与鼠标指针之间或角色与角色之间的距离
询问 What's your name? 并等待	询问并等待输入，并且将键盘输入的内容存储于 回答 积木中
回答	获取询问的答案
按下 空格 ▼ 键?	如果在键盘上按下指定键（包括 0 ～ 9 键、A ～ Z 键、方向键和空格键），则返回值为 true
按下鼠标?	如果按下鼠标键，则返回值为 true
鼠标的x坐标	获取鼠标指针当前位置的 x 坐标
鼠标的y坐标	获取鼠标指针当前位置的 y 坐标
响度	连接计算机的麦克风获取的声音音量
计时器	获取计时器的秒数

运动与绘图

续表

积木类型	功 能
计时器归零	将计时器归零
舞台 ▼ 的 背景名称 ▼	对于舞台,可以获取舞台的背景编号、背景名称、音量和我的变量;对于角色,可以获取角色的 x 坐标、y 坐标、方向、造型编号、造型名称、大小和音量
当前时间的 年 ▼	获取当前的年、月、日、星期、小时、分或秒
2000年至今的天数	获取从 2000 年至今的天数
用户名	获取当前正在查看的项目的用户名

3.6.2 "侦测"模块中积木的应用

"侦测"模块中的积木分为四类:六边形积木、用户互动输入积木、与坐标有关的积木、与时间有关的积木。

1. 六边形积木

"侦测"模块中的六边形积木如图 3-27 所示。

图 3-27 "侦测"模块中的六边形积木

"侦测"模块中的六边形积木不能单独使用,必须和"控制"模块中的判断语句积木或"运算"模块中的比较语句积木联合使用。"侦测"模块中的六边形积木可以返回两个值,分别为 true(真)和 false(假)。

2. 用户互动输入积木

询问 What's your name? 并等待 积木主要用于提示用户输入相应的数据,在按下回车键后询问结束,并且将用户输入的内容存储于 回答 积木中。 询问 What's your name? 并等待 积木和 回答 积木通常是配套使用的。

3. 与坐标有关的积木

这类积木主要用于检测鼠标指针、指定角色或舞台的坐标、方向等。

4. 与时间有关的积木

这类积木的功能主要与时间有关，如计时、获取当前时间（年、月、星期、日、时、分、秒）。

3.7 撞柱子

3.7.1 任务描述

一个小球自由地在舞台上跳动，在落下时如果击中某种颜色的柱子，那么相应颜色的柱子被击中的次数加 1，最后查看哪个颜色的柱子被击中的次数最多。《撞柱子》的程序界面如图 3-28 所示。

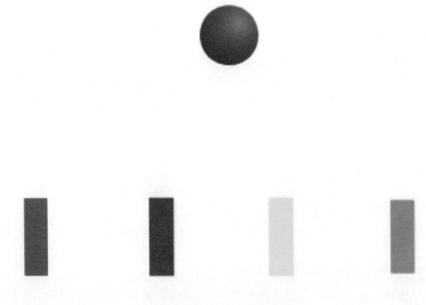

图 3-28 《撞柱子》的程序界面

3.7.2 任务实施

本任务中有 5 个角色，分别为 1 个球（角色名为 ball）和 4 个柱子（角色名分别为 pillar1 ～ pillar4）；还有 5 个变量，分别为记录击中每种颜色柱子次数的变量（red 变量、blue 变量、yellow 变量和 green 变量）和倒计时变量（time 变量）。

在《撞柱子》程序中，只需为 ball 角色编写代码，无须为其他角色编写代码。ball 角色的代码如图 3-29 所示。

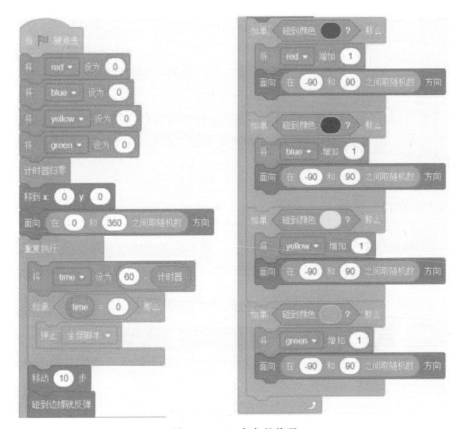

图 3-29　ball 角色的代码

在图 3-29 中，首先将 red 变量、blue 变量、yellow 变量和 green 变量的值都设置为 0，表示每个颜色的柱子被击中的次数从 0 开始计数；接着将计时器归零，将 ball 角色的初始位置设置为（0，0），将 ball 角色的初始方向设置为一个随机的角度；然后开始循环，让小球不停地在舞台上运动，在碰到舞台边缘后反弹。在循环体内，使用计时器控制程序执行的时间，这里设置为 60 秒，在 60 秒后，将 time 变量的值设置为 0，并且停止执行程序。在循环体内还需要监测击中柱子的情况，这里采用碰到不同颜色计数的方法。例如，监测击中红色柱子的方法是，如果碰到红色，则 red 变量的值增加 1，接着将小球的运动方向随机地设置为 -90° ～ 90° 的一个随机角度，监测击中其他颜色柱子的方法与其类似。

3.8　视频侦测与声音侦测

前面介绍了"侦测"模块，本节着重介绍视频侦测和声音侦测功能。

3.8.1 VR 和 AR

虚拟现实（Virtual Reality，VR）技术又称为灵境技术，是近年来出现的高新技术。虚拟现实技术可以利用计算机模拟一个三维空间的虚拟世界，给使用者提供关于视觉、听觉、触觉等感官的模拟，让使用者身临其境，可以及时、没有限制地观察三维空间内的事物。

增强现实（Augmented Reality，AR）技术又称为混合现实技术。增强现实技术可以利用计算机技术将虚拟的信息应用到真实世界，将真实的环境和虚拟的物体实时地叠加到同一个画面或空间，使其同时存在。

3.8.2 "视频侦测"模块

Scratch 中的视频侦测技术只能识别画面中物体的灰度变化，不能识别人体或颜色。

单击积木区左下角的"添加扩展"按钮，选择"视频侦测"模块，"视频侦测"模块就会出现在积木区中。"视频侦测"模块中的积木共有 4 个：当视频运动 > 10、开启 摄像头、将视频透明度设为 50 和 相对于 角色 的视频 运动。其中，前 3 个积木的功能一目了然，此处不再赘述；第 4 个积木主要用于侦测整个舞台或角色上的光流变化，从而编写一些简单的视频侦测程序。

下面通过一个案例介绍"视频侦测"模块中的积木的使用方法。为某个角色添加视频侦测功能的代码如图 3-30 所示。

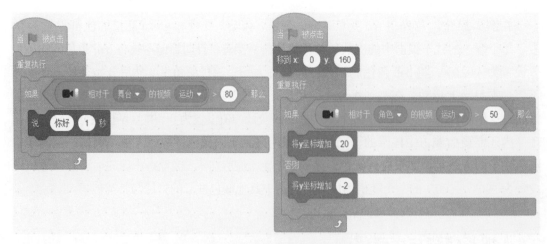

图 3-30　为某个角色添加视频侦测功能的代码

在图 3-30 的左侧代码中，相对于 舞台 的视频 运动 积木的作用是侦测整个舞台上的光流变化。事实上如果被侦测物体在镜头前快速移动,那么该物体很难被系统识别,因此在实际操作时应尽量避免这种情况发生。这段代码的含义是侦测舞台上的光流变化,一旦摄像头侦测到的动作超过某数值(80),角色就会说"你好"。

在图 3-30 的右侧代码中, ▇ 相对于 角色 ▾ 的视频 运动 积木的作用是侦测某个指定角色上的光流变化。首先将指定角色移动到舞台上方,然后以 2 步 / 秒的速度缓慢下降(积木中为"-2",表示下降),一旦玩家用手托住该角色,系统就能侦测到玩家手的相对运动,该角色就会以 20 步 / 秒的速度上升。

Scratch 中基于光流原理的视频侦测技术简洁而不简单,原生的硬件支持使 Scratch 不需要任何扩展或第三方软件支持,降低了操作的门槛,这一点看似微小的完善却可以让学习者接触和尝试传感技术。将"视频侦测"模块中的各种积木进行组合可以设计出多种趣味游戏。

3.8.3 声音侦测

Scratch 的"侦测"模块中的 响度 积木能够获取从连接计算机的麦克风中输入声音的音量,可以通过改变输入声音的音量值控制角色,从而实现现实世界与虚拟世界的互动。

下面通过一个案例介绍 Scratch 中的声音侦测功能。声音侦测功能案例的界面及代码如图 3-31 所示。

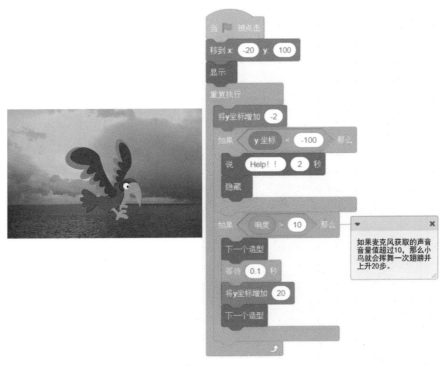

图 3-31 声音侦测功能案例的界面及代码

在本案例中，一只小鸟在海面上振翅飞翔，如果它没有挥动翅膀，则会不断下降，当它低于某个高度时会呼救并沉入海中。玩家通过连接计算机的麦克风获取的声音音量控制小鸟挥动翅膀（切换造型）并上升。

动手试一试 3-5

读者可以找一台有麦克风设备的计算机，动手编写图 3-31 中的代码，并且考虑如何使小鸟上升的高度与声音的音量值成正相关？

提示：将 响度 积木嵌入"运算"模块中的相关积木中。

3.9　捉妖记

3.9.1　任务描述

在舞台上随机出现大小不一的妖怪形象，要求玩家利用摄像头及身体动作（如用手抓）与程序产生交互，并且记录玩家捉到的妖怪数量。

《捉妖记》的运行界面如图 3-32 所示。本程序中仅包含一个妖怪角色，可以使用 Scratch 的角色库中的 Ghost2 角色，该角色自带两个造型，分别用于表示妖怪被捉到前的造型和被捉到后的造型。

图 3-32　《捉妖记》的运行界面

3.9.2 任务实施

首先添加 Ghost2 角色，然后为其编写代码，如图 3-33 所示。

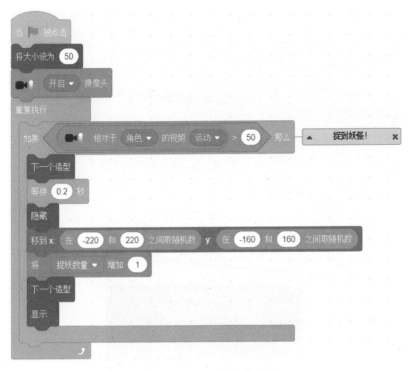

图 3-33　Ghost2 角色的代码

在 Ghost2 角色的代码中，重复执行视频侦测操作，如果侦测出玩家的手位于 Ghost2 角色上，并且是"捉妖"的动作，则表示捉住了一个妖怪，然后切换 Ghost2 角色的造型并将其隐身，将"捉妖数量"变量的值增加 1，再次切换 Ghost2 角色的造型并使其在舞台上的随机位置显示。

> 尝试使用 Scratch 的声音侦测技术拓展本游戏，使妖怪可以随着输入声音音量
>
> 任务拓展　值的变化相应地放大或缩小。

本章小结

本章我们介绍了"运动"模块、"画笔"模块、"侦测"模块和"视频侦测"模块中的积木，并且通过实际案例讲解了如何控制角色运动和编写简单的画图程序，然后讲解了使用重复执行积木编写更简短、高效的代码，还讲解了使用 ✏ 图章 积木配合重复执行积木

绘制复杂图形的方法，最后详细介绍了如何获取来自现实世界的视频与声音信号，这些都让程序设计变得更加生动有趣。

练一练

（1）设计一个会走路的小猫动画。要求：在单击"运行"按钮 ▶ 后，小猫开始有规律地左右行走，在碰到舞台边缘后反弹，并且仍然保持直立行走的状态。

（2）设计一个碰碰球游戏。要求：一个球从（0，0）坐标位置开始向右下45°角方向出发，在碰到舞台边缘后反弹。

（3）编写一个控制码猿移动的程序。要求：控制码猿从（0，0）坐标位置开始，先向上平缓地移动100步，然后向左平缓地移动100步，最后回到（0，0）坐标位置，同时使用蓝色画笔画出码猿移动的轨迹。

（4）制作一个神奇的画板。要求：可以在画板上方选择画笔的粗细、颜色等。按住鼠标左键并移动鼠标可以在画板上作画，松开鼠标左键就停止作画。

（5）使用"画笔"模块中的积木绘制如图3-34所示的美丽图形。

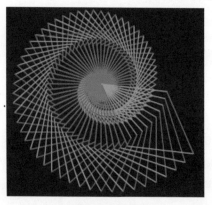

图3-34　绘制图形（一）

（6）使用"画笔"模块中的积木绘制如图3-35所示的图形。

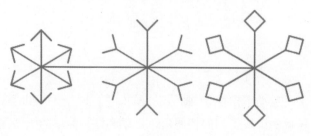

图3-35　绘制图形（二）

（7）使用"画笔"模块中的积木绘制满天小星星，要求在舞台上单击时，小星星会在鼠标指针的位置出现，小星星的颜色随机，效果如图 3-36 所示。

图 3-36　在舞台上单击时出现的小星星效果

（8）设计《码猿走迷宫》游戏。要求：

- 迷宫只有一个入口和一个出口，迷宫内有一些可怕的"怪兽"在四处移动；
- 码猿从入口开始移动，在迷宫中通过键盘上的↑、↓、←、→方向键控制码猿的移动；
- 码猿在迷宫中不能穿墙而过，如果碰到"怪兽"，则游戏结束，并且提示"闯关失败！"；
- 如果没有在规定的时间内走出迷宫，则游戏结束，并且提示"闯关失败！"；
- 如果没有碰到"怪兽"，并且在规定的时间内到达出口，则游戏结束，并且提示"闯关成功！"。

CHAPTER 04

外观与音效

多媒体（Multimedia）是多种媒体的综合，一般包括文本、声音、图像等多种媒体形式。在计算机系统中，多媒体是指组合两种或更多种媒体的人机交互式信息交流和传播媒体。多媒体的应用领域涉及广告、艺术、教育、娱乐、工程、医药、商业、科学研究等行业。

本章我们会使用"外观"模块和"声音"模块中的积木制作动画和声音两种多媒体形式。"外观"模块中的积木可以创建动画，还可以给角色的造型和舞台背景添加各种图形特效，如"颜色""鱼眼""虚像"等。"声音"模块中的积木可以给程序添加声音特效和音乐。

4.1 "外观"模块与造型

使用"外观"模块中的积木可以切换角色的造型，从而创建动画，还可以添加思考气泡、添加图形特效、隐藏或显示角色。

4.1.1 切换角色的造型创建动画

虽然角色可以从舞台的一头移动到另一头，但是如果在移动的过程中其造型是不变的，角色看上去就会特别生硬。如果角色的各种造型能以适当的速度切换，那么角色在移动时就会更加生动。读者可以动手编写如下动画程序，用于理解造型切换的方法与作用。

首先创建一个新的 Scratch 项目，然后删除默认角色，导入"码猿"角色，如图 4-1 所示。

为了使"码猿"角色实现跑步的动画效果，需要为"码猿"角色编写相应的代码。"码猿"角色的 7 个造型及实现跑步动画效果的代码如图 4-2 所示。单击"运行"按钮📢，码猿即可在舞台上来回走动。这段代码中最关键的积木是 下一个造型 ，它能使角色的造型切换到造型列表中的下一个造型，如果现在正处于最后一个造型，则切换到造型列表中的第一个造型。

在单击"运行"按钮📢后，使用重复执行的方式定时切换"码猿"角色的造型，并且在每次切换造型后等待 0.1 秒。如果删除 等待 0.1 秒 积木，造型切换的时间间隔会更短，码猿跑步的速度会更快。读者可以尝试设置不同的等待时间和移动步数并观察运行效果。

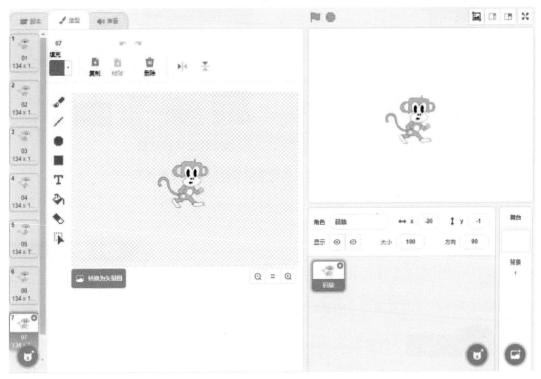

图 4-1 导入"码猿"角色

本程序包含1个角色，该角色有7个造型

图 4-2 "码猿"角色的 7 个造型及实现跑步动画效果的代码

读者可以使用自己喜欢的绘图工具或在 Scratch 内置的绘图编辑区中绘制角色的造型，并且通过切换造型实现动画效果。

通过在角色上单击来改变其造型是一种非常良好的交互方式，接下来我们编写一个简单的表情控制程序，如图 4-3 所示，该程序中只包含一个角色 face，该角色有 5 个造型。

使用 当角色被点击 积木（来自"事件"模块）通知 face 角色切换造型。

81

① 角色变换造型　　　　　② 通知舞台切换背景

③ 当舞台背景切换到Stage4时，角色滑动到舞台右上角再返回中心

图 4-3　简单的表情控制程序

运行程序，每次单击 face 角色，它都会切换到下一个造型。换成 在 1 和 4 之间取随机数 背景 积木使舞台的背景在 4 个背景中随机切换。当舞台背景切换到 Stage4 背景时，face 角色就会侦测到这个事件（因为使用了"事件"模块中的触发积木 当背景换成 Stage4 ）。在本案例中，在 当背景换成 Stage4 事件触发后，face 角色会移动到舞台的右上角，然后返回舞台中心。

4.1.2　让角色思考并说话

使用 说 积木和 思考 积木分别可以命令角色说话和思考，并且将说话和思考的内容显示在气泡中，如图 4-4 所示。

图 4-4　使用 说 积木和 思考 积木分别将说话和思考的内容显示在气泡中

说 ◯ 积木和 思考 ◯ 积木中的内容会永久地显示在气泡中，如果要去除气泡效果，则需要先将积木中的内容清空，然后再次执行积木中的代码。如果要使气泡中的内容在显示一段时间后自动消失，则可以使用 说 ◯ ◯ 秒 积木和 思考 ◯ ◯ 秒 积木。

4.1.3 图形特效

使用 将 ▼ 特效设定为 ◯ 积木可以给背景和造型添加各种图形特效，如"颜色""鱼眼""虚像"等。Scratch 支持的所有图形特效如图 4-5 所示。

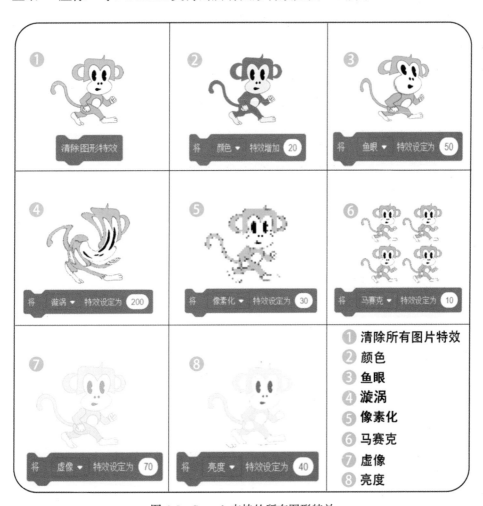

图 4-5　Scratch 支持的所有图形特效

在 将 ▼ 特效设定为 ◯ 积木的下拉列表中可以选择具体的图形特效。使用 将 ▼ 特效增加 ◯ 积木可以增加或减少当前图形特效的参数值，而非直接设定当前图形特效的参数值。例如，当前角色的"虚像"特效值为40，将其增加60，这时角色的"虚像"特效值为100，该角色就"消失"了。如果要将图像还原到最初的状态，可以使用 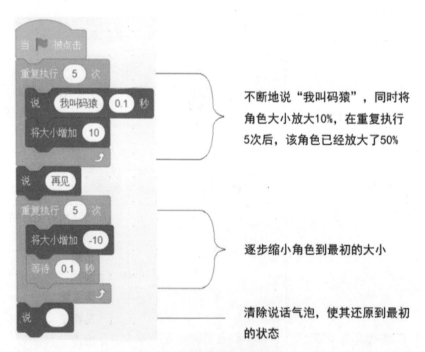 积木清除角色的图形特效。可以使用多个图形特效积木给一个图形添加多种特效。

4.1.4 角色控制

有时需要在程序中控制角色大小或隐藏角色。例如，在某个场景中将角色放大表示越来越近，在游戏开始后将说明文字隐藏。

如果需要放大或缩小角色可以使用 积木或 积木。前者的参数是一个百分比，如果参数值为100，则表示原始大小，后者会根据角色当前的大小进行放大或缩小。显示或隐藏角色可以使用 显示 或 隐藏 积木。

下面来看一段控制角色大小的代码，如图4-6所示，运行这段代码查看运行结果。

不断地说"我叫码猿"，同时将角色大小放大10%，在重复执行5次后，该角色已经放大了50%

逐步缩小角色到最初的大小

清除说话气泡，使其还原到最初的状态

图4-6 控制角色大小的代码

下面模拟一个场景：码猿一开始就出现在舞台（森林背景）上，并且慢慢地向森林中走去，越向森林深处走，背影越小，在说完"再见"后慢慢地消失在森林中。添加一个森林背景，然后为"码猿"角色添加两个造型，从而更逼真地模拟码猿走路的形态，如图4-7所示。"码猿"角色的代码如图4-8所示。

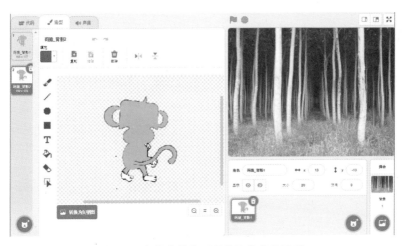

图 4-7 森林背景及"码猿"角色的造型

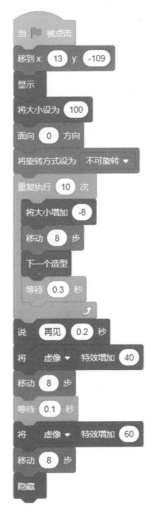

图 4-8 "码猿"角色的代码

4.1.5　图层

"外观"模块中的 `移到最 前面▼` 积木和 `前移▼ 1 层` 积木会影响角色在舞台上的遮盖顺序，它决定了在角色重叠区域优先显示哪个角色。假设有这样一个场景：大山的后面站着一只码猿，如果没有图层，大山和码猿的前后顺序有两种可能，如图 4-9 所示。

图 4-9　大山和码猿的前后顺序

如果要使码猿站在大山的后面，可以使用 `移到最 前面▼` 积木将"大山"角色的图层移到最前面，或者使用 `后移▼ 1 层` 积木将"码猿"角色的图层向后移 1 层，如图 4-10 所示。

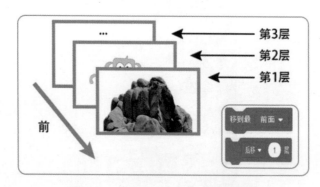

图 4-10　使码猿站在大山后面的操作

4.2　筋斗云

4.2.1　任务描述

筋斗云是中国古典名著《西游记》中孙悟空的法术之一，一个筋斗便可远去十万八千里。本任务要求利用"外观"模块中的积木和造型设计一个动画，用于模拟孙悟空翻筋斗的过程。《筋斗云》效果图如图 4-11 所示。

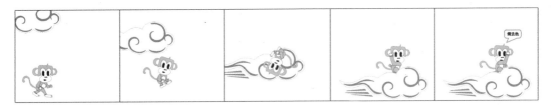

图 4-11 《筋斗云》效果图

4.2.2 任务实施

《筋斗云》程序需要完成"孙悟空"角色的造型切换、"云朵"角色的移动、图层处理共三方面的工作。

第 1 步：创建并添加角色。

首先在 Scratch 中创建"孙悟空"角色，并且为其绘制多幅造型图像，包括助跑、腾空（翻筋斗）、踏云、手搭凉棚等 9 个动作造型；然后创建"云朵"角色，并且为其绘制造型图像。"孙悟空"角色和"云朵"角色的造型如图 4-12 所示。

图 4-12 "孙悟空"角色和"云朵"角色的造型

第 2 步：编写"孙悟空"角色的代码。

通过"孙悟空"角色的造型切换表现孙悟空在驾筋斗云的过程中的动作变换，代码如图 4-13 所示。

首先，让"孙悟空"角色的造型切换为"动作 1"，将其移动到（-174，-111）坐标位置；接着完成 6 个造型的切换，每隔 0.3 秒切换 1 个造型，并且逐步改变"孙悟空"角色的坐标位置；然后等待 1 秒，完成最后 2 个造型的切换，每隔 0.3 秒切换 1 个造型；最后说"俺去也",并且在 2 秒内滑行到(210, 143)坐标位置。

图 4-13 "孙悟空"角色的代码

第 3 步:编写"云朵"角色的代码。

这里需要使用"运动"模块中的积木控制"云朵"角色的移动,用于配合"孙悟空"角色的动作,代码如图 4-14 所示。

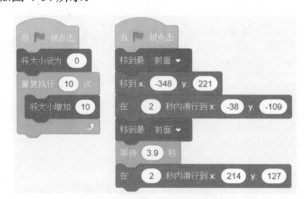

图 4-14 "云朵"角色的代码

"云朵"角色的代码主要有两段,一段用于控制"云朵"角色从远处飘来,并且逐步变大;另一段用于控制"云朵"角色从远处慢慢飘到"孙悟空"角色身边,然后等待 3.9

秒，在"孙悟空"角色飞到"云朵"角色上面后，和"孙悟空"角色一同飞走。这里需要使用图层相关积木调整好"云朵"角色和"孙悟空"角色之间的层叠关系。例如，在"孙悟空"角色飞到"云朵"角色上面时，需要使用 `移到最 前面▼` 积木将"云朵"角色移到"孙悟空"角色前面，从而实现更好的显示效果。

4.3 "声音"模块

4.3.1 音频和音频文件

音频是个专业术语，人类能够听到的所有声音都称为音频。在声音被录制下来后，说话声、歌声、乐器声等都可以使用数字音乐软件进行处理或制作成 CD，因为 CD 本来就是音频文件的一种类型。

音频是指存储于计算机中的声音。如果有计算机及相应的音频卡（我们经常说的声卡），就可以将所有的声音录制下来，声音的声学特性（如音的高低）都可以以计算机文件的形式存储下来。反之，我们也可以将存储下来的音频文件用一定的音频程序播放，从而还原以前录下的声音。

常见的音频文件格式包括 CD、WAV、AU、MP3、WMA 等。目前 Scratch 仅能识别两种音频文件格式，分别为 WAV 和 MP3。

4.3.2 声音的播放

为了使程序更加有趣，开发者通常会使用各种音效和背景音乐。使用"声音"模块中的积木可以控制声音的播放，以及改变音量。

有 3 种积木可以控制声音的播放：`播放声音 ▼`、`播放声音 ▼ 等待播完` 和 `停止所有声音`。`播放声音 ▼` 积木和 `播放声音 ▼ 等待播完` 积木都能播放指定的声音，其中，`播放声音 ▼` 积木在声音开始播放后立刻执行后面的代码，而 `播放声音 ▼ 等待播完` 积木必须在声音播放完毕后才执行后面的代码。`停止所有声音` 积木会立刻停止播放所有的声音。

4.3.3 音量

假设有这样一个场景：火箭徐徐升空，发出震耳欲聋的声音，随着火箭飞向高空，声音越来越小。实现这种声音效果需要控制音量。

使用 `将音量设为 ◯ %` 积木可以控制音量，音量的默认值为 100%。使用 `将音量设为 ◯ %`

积木需要注意以下两个问题：

- 音量是指播放声音的大小。
- 该积木控制的是一个角色的音量，而非所有角色的音量。因此，如果要在同一个时刻发出两个不同音量的声音，必须使用两个角色。

使用 将音量增加 积木可以改变当前音量的大小，正数使音量增大，负数使音量减小。勾选 音量 积木左侧的复选框，即可在舞台上显示角色的音量。

使用控制音量的积木可以很方便地实现某些功能。例如，根据角色靠近目标的距离改变音量；让多个角色以不同的音量演奏不同的乐器，从而组建一支管弦乐队。

下面模拟一个场景：码猿走进森林，越走越远、边走边叫，最后消失在森林深处，代码如图 4-15 所示。

图 4-15　码猿走进森林（带叫声）的代码

4.4 "音乐"模块

在积木区左下角单击"添加扩展"按钮![icon],选择"音乐"模块,即可在积木区中看到"音乐"模块中的积木。使用"音乐"模块中的积木可以创作有节奏的音乐。

4.4.1 音效与节奏

在制作游戏的过程中,开发者可以在玩家击中目标、完成任务时添加一些音效。使用 ![击打 (1) 小军鼓 0.25 拍] 积木可以以指定的拍数演奏 18 种乐器。使用 ![休止 0.25 拍] 积木可以暂停演奏 0.25 拍。Scratch 中的拍数示例如图 4-16 所示。

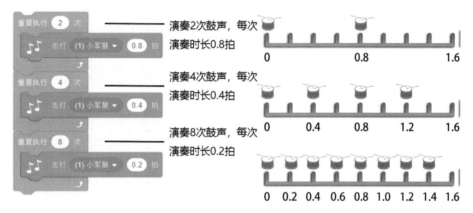

图 4-16 Scratch 中的拍数示例

图 4-16 中的代码中包含 3 个 ![重复执行 () 次] 积木,分别重复 2 次、4 次、8 次。每个

![重复执行 () 次] 积木均演奏相同的乐器(积木中的第一个参数"小军鼓"),但是拍数(积木中的第二个参数)不同。观察图 4-16 右侧,将数轴想象成演奏的时间线,最小间隔是 0.2 拍。因此,第 1 个 ![重复执行 () 次] 积木演奏了 2 次,每次 0.8 拍;第 2 个 ![重复执行 () 次]

积木演奏了 4 次,每次 0.4 拍;第 3 个 ![重复执行 () 次] 积木演奏了 8 次,每次 0.2 拍。每个

积木演奏的总时间是相同的，只是演奏的次数和拍数不同。

要调整每个积木演奏的总时间，应该调整节奏的值。节奏主要用于设定乐器演奏的速度，单位是每分钟的拍数（bpm），节奏的值越大，演奏速度越快。

在默认情况下，节奏的值为 60bpm（每分钟 60 拍），所以图 4-16 中每个积木演奏的总时间为 1.6 秒。如果将节奏的值设置为 120bpm，那么图 4-16 中每个积木演奏的总时间为 0.8 秒；如果将节奏值设置为 30bpm，那么图 4-16 中每个积木演奏的总时间为 3.2 秒。

与节奏有关的积木如下。

♪♪ 将演奏速度设定为 ⬭ 积木：用于设置特定的节奏值。

♪♪ 将演奏速度增加 ⬭ 积木：用于加快或减慢演奏速度。

♪♪ 演奏速度 积木：用于查看演奏速度。如果需要查看节奏值，则勾选该积木左侧的复选框。

注意：节奏和音量不同，前者会影响所有角色，后者只影响一个角色。

4.4.2 音乐创作

除了演奏乐器，Scratch 还可以演奏音符，从而创作音乐。

使用 ♪♪ 演奏音符 ⬭ ⬭ 拍 积木可以演奏取值范围为 0 ～ 127 的音符，并且可以指定拍数。

使用 ♪♪ 将乐器设为 ⬭ 积木可以设置不同的乐器，体现不同的音色。

读者可以尝试创作一首歌曲。例如，演奏儿歌《两只老虎》，尝试使用不同的乐器进行演奏，并且听听演奏效果。《两只老虎》的简谱如图 4-17 所示，音符与数字的对照表如表 4-1 所示，演奏《两只老虎》的代码如图 4-18 所示。

两只老虎

1=C $\frac{2}{4}$

传统民谣

<u>1 2</u> <u>3 1</u> | <u>1 2</u> <u>3 1</u> | 3 4 5 — | 3 4 5 — |

两 只 老虎， 两 只 老虎， 跑 得 快， 跑 得 快，

<u>5 6</u> <u>5 4</u> <u>3 1</u> | <u>5 6</u> <u>5 4</u> <u>3 1</u> | 2 <u>5</u> 1 — | 2 <u>5</u> 1 — ‖

一只 没 有 眼 睛， 一只 没 有 尾 巴， 真 奇 怪， 真 奇 怪。

图 4-17 《两只老虎》的简谱

表 4-1 音符与数字的对照表

1̣	2̣	3̣	4̣	5̣	6̣	7̣
48	50	52	53	55	57	59
1	2	3	4	5	6	7
60	62	64	65	67	69	71
1̇	2̇	3̇	4̇	5̇	6̇	7̇
72	74	76	77	79	81	83

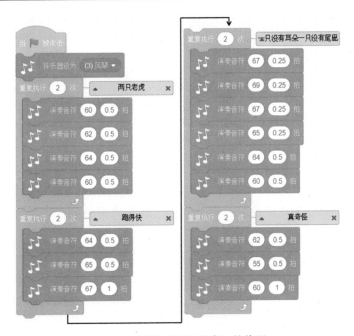

图 4-18 演奏《两只老虎》的代码

4.5 烟火晚会

4.5.1 任务描述

以城市的夜晚为背景，制作一个放烟火的动画场景，要求烟火随机地升空，在绽放后缓缓下落并逐渐消失。《烟火晚会》效果图如图 4-19 所示。

烟火角色的克隆体随机
升空并绽放

图 4-19 《烟火晚会》效果图

4.5.2 任务实施

第 1 步：添加角色和造型。

程序包含一个烟火角色 Fireworks，它持续不断地创建在城市夜空中绽放的克隆体。

Fireworks 角色有 6 个造型，如图 4-20 所示。其中，第 1 个造型代表烟火刚被发射出去时的状态，在这个小红点到达某个随机的位置后，将它随机切换为其他 5 个造型中的任意一个，即可实现烟火绽放的效果。最后添加一些简单的图形特效使整个过程更加真实。

第 2 步：编写 Fireworks 角色的代码。

在理解了本任务的需求与逻辑后，我们开始编写 Fireworks 角色的代码，如图 4-21 所示。单击"运行"按钮▶，Fireworks 角色将自己隐藏，然后让它每隔一段随机时间创建一个克隆体，并且进行无限次数地重复执行。由于 Fireworks 角色是隐藏的，因此它的克隆体一开始也是隐藏的。

图 4-20　Fireworks 角色的 6 个造型

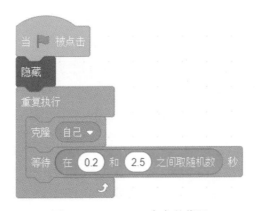

图 4-21　Fireworks 角色的代码

　　在 Fireworks 角色的克隆体创建完成后，需要指定该克隆体的行为，代码如图 4-22 所示。

　　首先将 Fireworks 角色克隆体的当前造型设置为 C1，即小红点造型，然后将其移动到舞台底部的随机位置并显示，再将其移动到舞台上方（夜空）的随机位置。至此，程序模拟了烟火发射升空的场景。

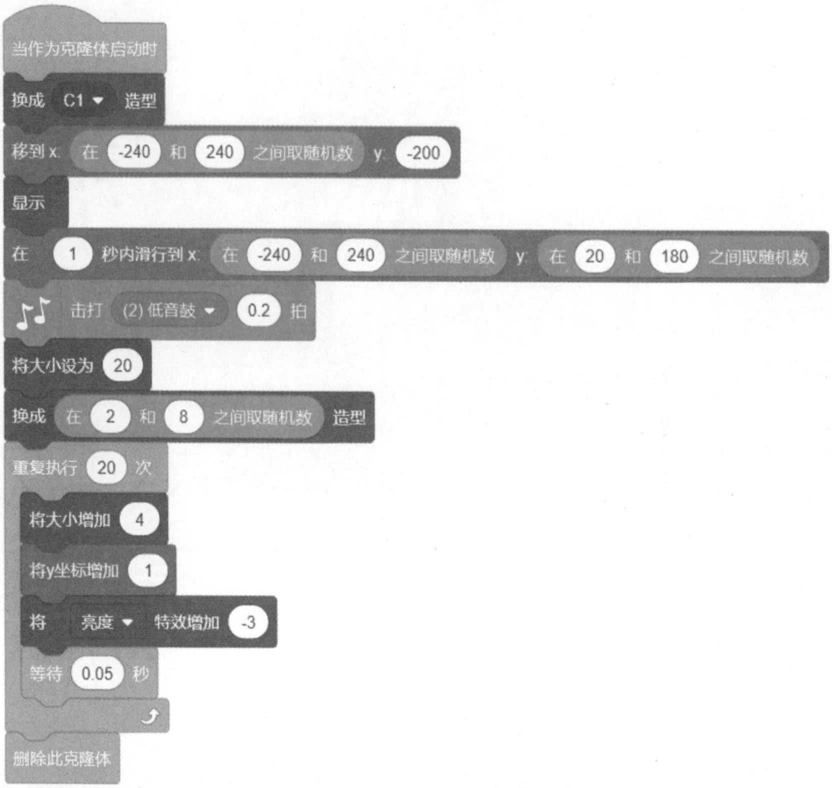

图 4-22   Fireworks 角色克隆体的代码

接下来模拟小红点在到达预定位置后绽放的场景。首先让 Fireworks 角色的克隆体演奏一段很短的鼓声来模拟烟火绽放的声音，因为要模拟烟火绽放的场景，所以我们首先给 Fireworks 角色的克隆体设置一个初始大小，并且将其随机切换为一个烟火造型，然后将 Fireworks 角色的克隆体的大小增加 4 步，并且将其高度降低 1 步，将"亮度"特效值减小 3，重复执行 20 次，使烟火绽放到最大，最后删除 Fireworks 角色的克隆体。

任务拓展 在上述功能已经实现了的基础上，尝试编写代码进一步改进烟火缓缓下降并逐渐消失的效果。提示：需要同时使用"运动"模块与"外观"模块中的积木。

本章小结

本章主要介绍了"外观"模块、"声音"模块和"音乐"模块中的积木，这些积木可以帮助开发者在程序中添加动画效果、图形特效、声音等，然后结合实际案例，讲解了动画的制作是通过造型的切换完成的，角色的显示取决于图层的顺序，给动画添加声音，等等。

练一练

（1）设计一个程序，用于模拟交通路口不断变换的红绿灯。

（2）设计一个《一起来做操》趣味游戏。具体要求如下：

- 做操的"人物"角色有9个造型，通过切换造型的方式完成做操运动；
- 要求重复10遍动作；
- 在做操的过程中需要配上音乐；
- 在做操结束后，音乐停止。

（3）创作一个《可爱的小猫》动画，故事情节自由设计。要求：利用"外观"模块中的造型切换积木给"小猫"角色添加动画效果，如眼睛转动、嘴巴张合说话、来回走动等。

（4）编写《猫和狗》趣味游戏。要求：猫和狗分别从左侧和右侧进入屏幕，在相遇后互相问候。猫在被单击后变大。狗在被单击后变成另一种狗的造型。在按空格键时，猫说"跳"，狗就跳一下。

（5）设计一个简单的《赛车》趣味游戏。具体要求如下：

- 跑道上有2辆赛车，速度是取值范围为5～8的随机数；
- 使用方向键控制赛车向前、后、左、右移动；
- 在游戏开始后，在屏幕上出现倒计时，在倒计时结束后显示"Go"，赛车开动；
- 跑道设置有起点和终点，从起点开始，先到终点的赛车胜利。

（6）设计《猫抓老鼠》趣味游戏。要求：在屏幕上的随机位置出现3只老鼠，使用方向键控制猫向不同的方向移动，在猫碰到老鼠后，老鼠消失，猫变大一点。

（7）创作一段《新年好》乐曲。要求：能通过屏幕交互的方式改变演奏乐器。

（8）创作一个《可爱的玛丽》动画。要求：小姑娘玛丽在她的房间里一边跟随鼠标指针移动一边唱《小燕子》。

CHAPTER 05 分支结构

程序的控制结构是指以某种顺序执行的一系列动作，用于解决某个问题。理论和实践证明，无论多复杂的算法，都可以使用顺序、分支、循环这 3 种基本控制结构构造出来。由这 3 种基本控制结构组成的多层嵌套程序称为结构化程序。本章主要介绍基本控制结构中的分支结构。

5.1　程序设计的基本控制结构

在程序设计中，有 3 种基本控制结构，分别为顺序结构、分支结构、循环结构。

1. 顺序结构

顺序结构可以按照顺序一条一条地执行结构中的语句，这种结构是最简单的控制结构，如图 5-1 所示。

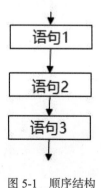

图 5-1　顺序结构

2. 分支结构

如果程序只能按照顺序执行，那么程序的功能和效率会受到很大的影响。实际上，在程序执行过程中，可以根据需要改变程序的执行顺序。

分支结构可以根据不同的条件，执行不同的语句，从而实现不同的功能，如图 5-2 所示。

在分支结构中，当条件成立时，执行语句组 1，否则执行语句组 2。

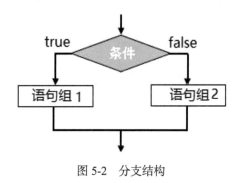

图 5-2　分支结构

3. 循环结构

循环结构可以在满足指定条件的情况下，重复执行循环体内的语句组，如图 5-3 所示。

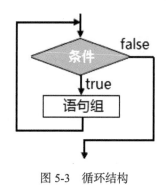

图 5-3　循环结构

在循环结构中，当条件成立时，重复执行循环体内的语句组，否则循环结束，继续执行循环体后面的语句。

根据编程的需要，这 3 种基本控制结构可以互相嵌套（如在循环结构中嵌套分支结构），从而构成各种结构化程序。

5.2　比较运算符

在现实世界中，我们每天都在做决定，不同的决定通常会引导你采取不同的行动。例如，如果你的想法是"如果明天不下雨，我就去爬山"，你就会查询天气预报，然后根据明天的天气决定明天是否要爬山。

Scratch 中有 3 种比较运算符，分别为大于运算符、小于运算符和等于运算符。在 Scratch 中，包含比较运算符的积木为"运算"模块中的 积木、 积木和 积木。比较运算符又称为关系运算符，因为它可以比较两边数值或表达式的大小关系。

19 世纪的英国数学家乔治·布尔发明了使用 0 和 1 构成的逻辑系统，因此，使用布尔（Boolean）纪念他对逻辑运算做出的特殊贡献。布尔值有两种，分别为 true（真）和 false（假）。布尔代数是现代计算机科学的基础，计算机使用布尔表达式决定执行程序的哪一个分支。

在 Scratch 中，由于包含比较运算符的表达式的返回值是布尔值，因此这种表达式称为布尔表达式。例如，布尔表达式"price<800"可以检测变量 price 的值是否小于 800，如果变量 price 的值小于 800，则布尔表达式"price<800"的返回值为 true，否则布尔表达式"price<800"的返回值为 false。

下面介绍 Scratch 中字符和字符串的比较方法。如果我们要设计一个猜字母的游戏，那么玩家需要不停地猜测，直到猜中字母 A ～ Z 中的某个字母。游戏首先会读取玩家猜测的字母，然后与正确的字母进行比较，最后根据比较结果决定提示玩家是继续猜测还是猜测正确。例如，正确的字母是 G，而玩家输入的字母是 B，计算机就会提示玩家"在 B 之后"，即正确的字母在字母 B 之后。如何将正确的字母与用户输入的字母进行比较，从而给出相应的提示信息呢？可以使用比较运算符比较字母的大小关系，如图 5-4 所示。

图 5-4　使用比较运算符比较字母的大小关系

在 Scratch 中，可以根据字母表顺序对字母进行大小比较。由于字母 A 在字母 B 之前，因此布尔表达式"A<B"的返回值为 true。需要注意的是，字母间的大小关系与其大小写无关，即大写字母 A 与小写字母 a 的大小相等，因此，布尔表达式"A=a"的返回值为 true。

如果要制作一款猜英文单词的游戏，如玩家猜测的是某种动物的名称，那么可以使用关系运算符比较字符串的大小关系吗？答案是可以的，可以使用关系运算符比较字符串的大小关系，如图 5-5 所示。

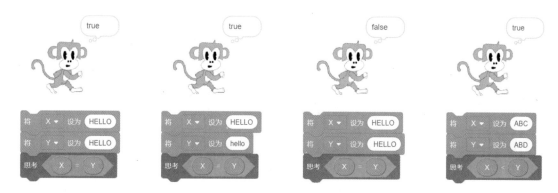

图 5-5　使用关系运算符比较字符串的大小关系

在图 5-5 中，第一段代码用于比较两个完全相同的字符串，第二段代码用于比较两个仅大小写不同的字符串，第三段代码用于比较两个带空格的字符串，第四段代码用于比较两个存在不同字母的字符串。可以看出，在比较 Scratch 中的字符串的大小关系时，同样会忽略字母的大小写，所以字符串 "HELLO" 和字符串 "hello" 的大小相等。但 Scratch 不会忽略空格，所以字符串 "HELLO " 和字符串 " HELLO" 的大小不等，因为前者后面有空格，后者前面有空格。如果在比较过程中，对应位置为相同字符，则继续比较下一个对应位置的字符，直到比出大小为止。

5.3　逻辑运算符

比较运算符只能测试一个条件，如果需要同时测试多个条件，则需要使用逻辑运算符。

Scratch 中有 3 种逻辑运算符，分别为与运算符、或运算符、非运算符。在 Scratch 中，包含逻辑运算符的积木为 "运算" 模块中的 ◣　与　▶ 积木、◣　或　▶ 积木、◣ 不成立 ▶ 积木。◣　与　▶ 积木有两个参数，只有当两个参数均为 true 时，相应的逻辑表达式的运算结果才是 true；◣　或　▶ 积木也有两个参数，只要任意一个参数为 true，相应的逻辑表达式的运算结果就是 true；◣ 不成立 ▶ 积木只有一个参数，当参数为 true 时，相应的逻辑表达式的运算结果为 false，当参数为 false 时，相应的逻辑表达式的运算结果为 true。

例如，变量 x 记录了一个人的年龄，逻辑表达式 "（$x>18$）与（$x<60$）" 是由两个布尔表达式 "$x>18$" 和 "$x<60$" 通过与运算符连接起来的，将这两个布尔表达式视为逻辑运算符的两个操作数，只有当两个操作数均为 true 时，逻辑表达式的运算结果才是 true，说明这个人的年龄在 18 岁和 60 岁之间。

5.4 分支结构积木

Scratch 的"控制"模块中的 积木和 积木可以根据不同

的条件做出不同的决定，从而控制程序的执行顺序。

5.4.1 单分支结构

积木可以根据"如果"后面条件中的逻辑表达式的运算结果决定是否

执行"那么"后面的代码。积木的结构和流程如图 5-6 所示。

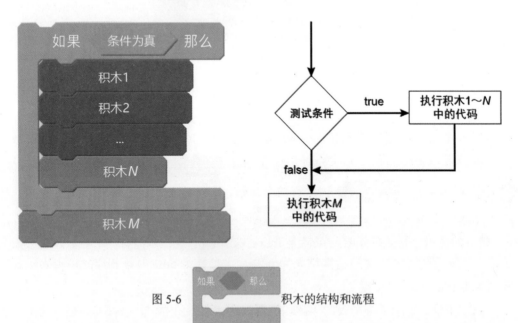

图 5-6   积木的结构和流程

在图 5-6 的右图中，菱形代表分支结构的测试条件，其结果为 true（真）或 false（假）。如果测试条件的结果为 true，那么程序会执行包裹在里面的代码（图中积木 1～N 中的代码）；如果测试条件的结果为 false，那么程序会跳过主体部分直接执行积木 M 中的代码。

为了进一步理解，我们来看一个案例，当角色位于舞台右侧时，它的颜色会发生变化，如图 5-7 所示。在图 5-7 中，使用 积木移动角色、改变"颜色"特效。

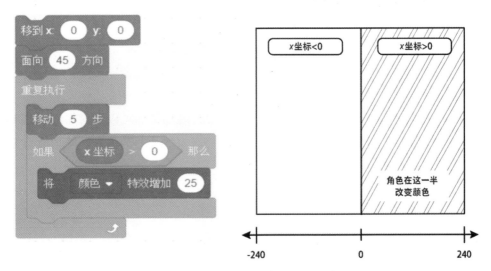

图 5-7　角色在舞台右侧会改变颜色

在 积木中包含 积木，并且在将角色移动 5 步后检查它的 x 坐标，如果 x 坐标大于 0，即角色位于舞台右侧，那么角色会改变颜色。这是因为 将 颜色 特效增加 25 积木仅在测试条件"x 坐标 >0"为 true 时执行。

此外，我们也可以将变量作为标志，给变量赋不同的标志值，根据不同的标志值决定程序执行的逻辑。

假设我们正在开发一款太空冒险游戏，其目标是摧毁敌方飞船。玩家扮演我方飞船的船长，可以使用方向键移动飞船，使用空格键发射导弹。如果玩家的飞船被敌方击中指定次数，那么飞船会失去攻击能力。这时按下空格键也不能发射导弹了，船长必须采取防御策略避免再被攻击。因此，在按下空格键后，程序需要检查飞船的状态，从而决定玩家是否可以发射导弹。

使用标志可以检查这类状态。标志本质上是变量，它使用两个任意数值（通常使用 1 和 0）表示事件发生与否的状态。

因此，在游戏中可以定义一个名为 canFire 的变量，用于表示飞船是否能发射导弹的状态。如果 canFire 变量的值为 1，那么飞船可以发射导弹；如果 canFire 变量的值为 0，那么飞船不可以发射导弹。使用标志作为检查飞船状态的条件的代码如图 5-8 所示。

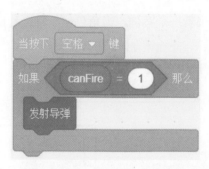

图 5-8　使用标志作为检查飞船状态的条件的代码

在游戏开始时，将 canFire 变量的值初始化为 1，表示飞船可以发射导弹。在飞船被敌方击中指定次数后，将 canFire 变量的值设置为 0，表示飞船的攻击系统功能异常，这时按下空格键无法发射导弹。

动手试一试 5-1

虽然标志可以随意命名，但是建议在给其命名时可以体现出真/假的特定含义。开动脑筋，尝试命名一些在太空冒险游戏中会用到的标志。

例 如 ：使 用 gameOver 变 量 判断游戏是否结束。

5.4.2　双分支结构

某个数学类程序提出一个加法问题，如果学生回答正确，则加一分；如果学生回答错误，则减一分。可以使用两个 积木解决该问题，还可以将两个

 积木合并为一个 积木，这样逻辑更简单，代码更高效。

当"如果"后面的条件为 true 时，执行"那么"后面的代码；当"如果"后面的条件为 false 时，执行"否则"后面的代码。因此，有两条路径的  积木是双分支

结构积木，而只有一条路径的 积木是单分支结构积木。 积木

的结构和流程如图 5-9 所示。

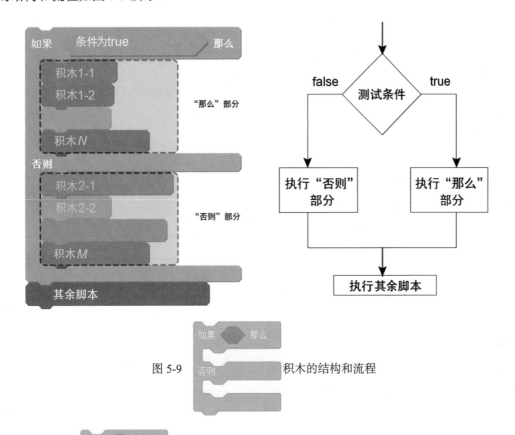

图 5-9 积木的结构和流程

如何使用 积木决定去哪里吃午饭呢？如果经济条件允许，则去高级餐

厅，否则去快餐店。我们将可以支配的金钱定义为 availableCash。在翻看钱包时，会判断
布尔表达式 "availableCash>100" 的结果，如果结果为 true（超过 100 元），则去高级餐厅，
否则去最近的快餐店。

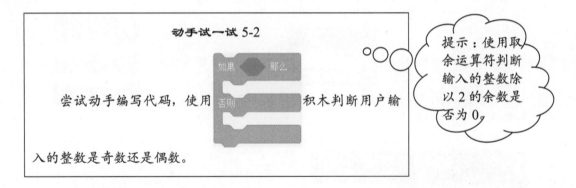

5.4.3　多分支结构

下面通过一个求解图形面积的案例讲解多分支结构，代码如图 5-10 所示。

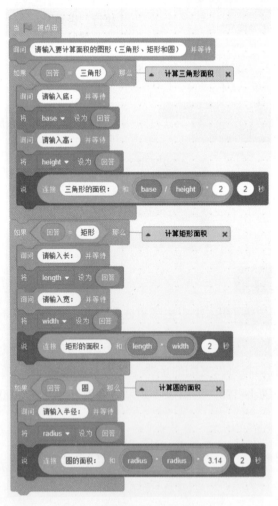

图 5-10　求解图形面积的代码

在上面的案例中，程序会根据用户选择的图形和输入的底、高、长、宽、半径等信息计算相应图形的面积。

5.5 石头剪刀布

5.5.1 任务描述

制作一个《石头剪刀布》游戏，实现人机对战，人可以选择石头、剪刀、布共 3 种策略，电脑会随机选择一种策略，程序自动判断并给出胜、负、平共 3 种结果。

5.5.2 任务实施

1. 需求分析与界面设计

本任务中玩家与电脑进行石头、剪刀、布的策略博弈，剪刀胜布，布胜石头，石头胜剪刀，在每轮游戏结束后，给出胜、负或平的结果。《石头剪刀布》的程序界面如图 5-11 所示。"石头"角色、"布"角色和"剪刀"角色分别对应舞台左上角的 3 个按钮，玩家单击这 3 个按钮的其中一个，表示选择了该按钮代表的策略。此时就会启动一轮游戏，电脑会根据随机数选择策略，然后程序根据玩家和电脑选择的策略进行判断，并且得出结果。

图 5-11 《石头剪刀布》的程序界面

2. 功能实现与程序详解

根据需求分析，《石头剪刀布》程序主要包括"玩家"、"电脑"、"石头"、"剪刀"、"布"和"结果"共 6 个角色及其相关代码。

第 1 步：设计舞台背景，如图 5-12 所示。

图 5-12 《石头剪刀布》的舞台背景

第 2 步：设计各角色的造型。

设计"石头"角色、"布"角色、"剪刀"角色的造型，这 3 个角色位于舞台的左上角，其造型如图 5-13 所示。

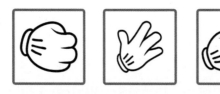

图 5-13 "石头"角色、"布"角色、"剪刀"角色的造型

"玩家"角色和"电脑"角色的造型各有 3 个，如图 5-14 所示。

图 5-14 "玩家"角色和"电脑"角色的造型

"结果"角色也有 3 个造型，如图 5-15 所示。

图 5-15 "结果"角色的造型

第 3 步：定义变量。

在舞台背景和角色都设计完成后，需要为游戏定义 3 个全局变量：choice1、choice2

和 winner。choice1 变量用于存储"玩家"角色的出拳序号，choice2 变量用于存储"电脑"角色的出拳序号。出拳序号为 1 表示出石头，出拳序号为 2 表示出布，出拳序号为 3 表示出剪刀。winner 变量用于存储结果，结果为 Tie 表示平局，结果为 Computer 表示电脑赢，结果为 Player 表示玩家赢。

第 4 步：编写各角色的代码。

设计"石头"、"布"和"剪刀"这 3 个角色的代码，"石头"角色和"布"角色的代码如图 5-16 所示，"剪刀"角色的代码与之类似，读者可以自行设计。

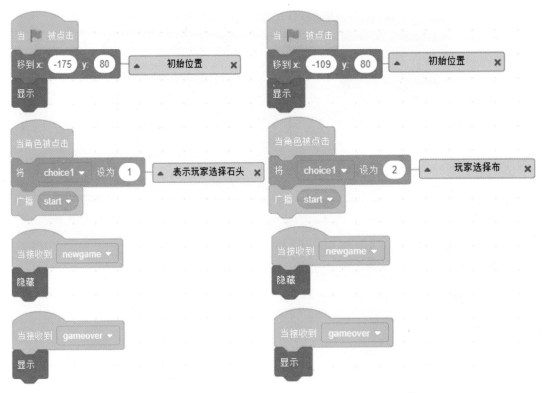

图 5-16 "石头"角色（左边）和"布"角色（右边）的代码

在单击"石头"角色、"布"角色或"剪刀"角色对应的按钮后，首先将 choice1 变量设置成相应的序号，然后广播一条 start 消息。舞台在接收到 start 消息后，执行如图 5-17 所示的代码。

在如图 5-17 所示的舞台代码中，通过广播一条 newgame 消息启动游戏。在游戏启动（接收到 newgame 消息）后，工作流转移到"玩家"角色和"电脑"角色上面，这两个角色都包含石头、布、剪刀共 3 个造型。"玩家"角色的代码如图 5-18 所示。

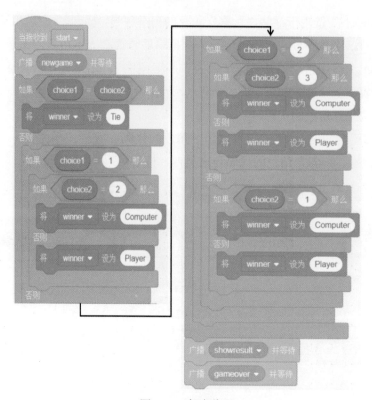

图 5-17　舞台代码

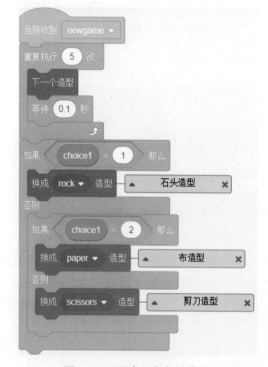

图 5-18　"玩家"角色的代码

开场动画通过重复切换 5 次造型实现。choice1 变量用于存储玩家选择的策略（石头、布、剪刀），"玩家"角色会根据 choice1 变量的值切换不同的造型。

对于"电脑"角色，其策略选择可以通过产生取值范围为 1 ～ 3 的随机数自动完成，并且将结果存储于 choice2 变量中，其他功能与"玩家"角色类似。"电脑"角色的代码如图 5-19 所示。

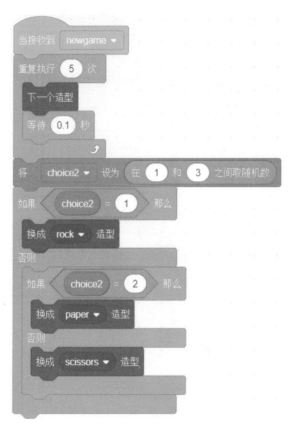

图 5-19 "电脑"角色的代码

在"玩家"角色和"电脑"角色完成出拳后，工作流转移到舞台（参见图 5-17）的

积木的下一行代码，用于比较出拳结果。首先利用 积木

比较 choice1 变量和 choice2 变量的值，从而判断游戏结果（平、玩家赢和电脑赢），同时将判断结果存储于 winner 变量中，然后广播一条 showresult 消息，触发游戏结果的显示。显示游戏结果的界面及代码如图 5-20 所示。

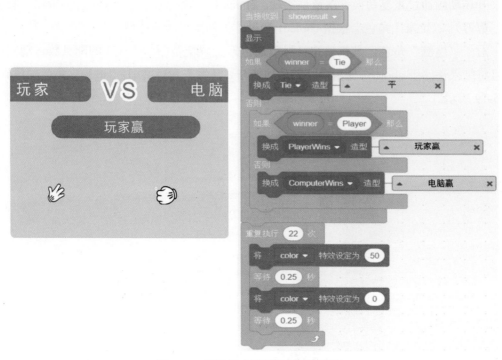

图 5-20　显示游戏结果的界面及代码

任务拓展　尝试为本任务中的"电脑"角色增加一些智能，通过记录玩家选择不同策略的概率提高自己的获胜率。

本章小结

本章介绍了比较运算符、逻辑运算符、布尔表达式、逻辑表达式及分支结构，并且通过讲解《石头剪刀布》游戏案例巩固所学知识。

练一练

（1）用积木表示以下逻辑：

- 分数 score 高于 60 分且低于 100 分。
- 年龄 age 的值不是 25 就是 30。
- 价格 price 的值是取值范围为 1 ～ 20 的偶数。
- 回答积木的值是取值范围为 1 ～ 100 的数，并且是 9 的倍数。

（2）设计一个判断闰年的程序。要求：输入一个年份值，判断该年份是否是闰年，并且在舞台上输出结果。提示：能被 4 整除且不能被 100 整除，以及能被 400 整除的年份为闰年。

（3）设计一个考试成绩等级判定程序。要求：首先询问用户"您的考分是多少（0 ～ 100）？"，然后根据用户输入的值判断其考试成绩等级，并且在舞台上显示出来。考试成绩等级的判定规则如下：

$$
等级=\begin{cases}
优 & 90\leqslant 分数\leqslant 100\\
良 & 80\leqslant 分数<90\\
中 & 70\leqslant 分数<80\\
及格 & 60\leqslant 分数<70\\
不及格 & 0\leqslant 分数<60
\end{cases}
$$

（4）尝试编写代码，制作一个《猜字母》游戏，自行设计游戏界面。提示：正确答案可以随机生成。

（5）设计一个三角形判定程序。要求：输入三角形的 3 条边，首先判断是否能构成三角形，如果能构成三角形，则继续判断构成的是等边三角形、直角三角形，还是一般三角形。

（6）设计一个《口算大挑战》游戏，要求实现以下功能。

- 设计一个游戏场景，可以随机出口算题。
- 答对 1 题得 1 分，答错 1 题扣 1 分。
- 共答 10 题，答对 9 题及以上为优秀，答对 8 题为良好，答对 7 题为中等，答对 6 题为及格，答对 6 题以下为不及格。

（7）设计一个《飞机大战》游戏，要求实现以下功能。

- 通过移动鼠标控制飞机的左右移动，上下方向是固定的。单击鼠标左键可以发射子弹，长按鼠标左键可以连续发射子弹。
- 敌机从上往下飞行，出现的时间、出现的位置和飞行速度都是随机的。
- 敌机以恒定的时间间隔发射子弹。
- 即使敌机出现的时间和飞行速度是随机的，但随着游戏时间的增加，敌机出现的时间要逐渐缩短，飞行速度要逐渐加快。
- 在舞台左上角显示打中敌机的数量。

循环结构

在前几章的案例中，我们已经感受到了循环结构的魅力，通过循环结构可以方便地进行需要重复多次的操作。本章我们详细介绍循环结构，讲解 Scratch 中的循环结构积木、停止积木（用于结束无限循环）的应用，并且通过几个案例进一步讲解循环结构及各种嵌套结构的综合应用。

6.1　循环结构积木

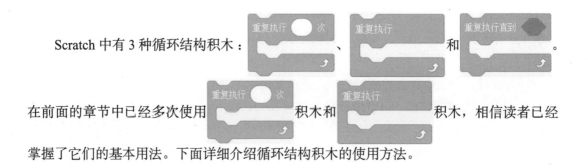

Scratch 中有 3 种循环结构积木：　　　　　　、　　　　　　和　　　　　　。

在前面的章节中已经多次使用　　　　　　积木和　　　　　　积木，相信读者已经

掌握了它们的基本用法。下面详细介绍循环结构积木的使用方法。

6.1.1　有限次数循环

在日常生活中，我们经常会说"重要的事情说 3 遍"，"围着操场跑 5 圈"，等等，这些事情在重复几次后就会停止，这类循环称为有限次数循环。

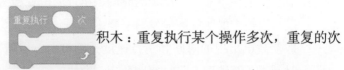　积木：重复执行某个操作多次，重复的次数确定。循环结构积木每重复执行一次，称为一轮循环或一次迭代。有限次数循环又称为确定次数循环，因为迭代次数是确定的。

当我们可以确定迭代次数时，通常使用

积木。例如，克隆 10 只码猿，可以指定迭代次数为 10，代码如图 6-1 所示。

图 6-1　克隆 10 只码猿的代码

再来看一个案例，用户只有 3 次输入密码的机会，程序需要记录其输入错误密码的次数，在超过 3 次后锁定用户，代码如图 6-2 所示。"笔记本"角色有两个造型：on 表示笔记本已解锁，off 表示笔记本已锁定。如果用户连续 3 次输错密码，那么笔记本会拒绝用户访问。

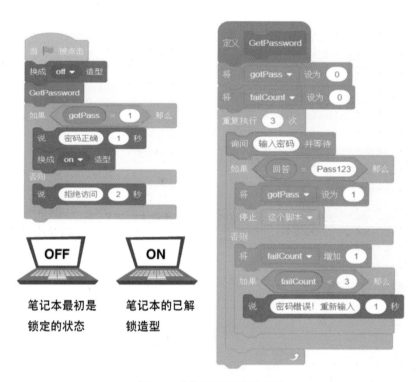

图 6-2　密码验证程序的代码

在单击"运行"按钮 📐 后，"笔记本"角色首先切换为 off 造型，然后调用 GetPassword 过程（关于过程的用法将在第 7 章正式介绍）进行用户认证。在 GetPassword 过程中，先将 gotPass 变量的值设置为 0，该变量是用于识别密码输入是否正确的标志；将 failCount 变量的值设置为 0，该变量是循环计数器，密码每输错一次，该变量的值就增加 1。然后给用户 3 次输入密码的机会，如果密码输入正确，则将 gotPass 变量的值设置为 1，停止当前脚本；否则继续进行下一次密码输入，直到输错 3 次为止。如果 GetPassword 过程返回的标志 gotPass 的值为 1，则表示用户输入了正确的密码，"笔记本"角色切换造型为 on，否则拒绝访问。

6.1.2　条件循环

在日常生活中，我们经常碰到这类事情：没有放假就要天天去学校，飞机没降落就要一直系着安全带，等等。这些重复的事情，我们不知道要做多少次，但是却知道满足什么条件可以停止，这类循环称为条件循环。

积木：重复执行某个操作，直到满足条件为止。

条件循环又称为不确定次数循环，因为它是根据条件测试的结果决定是否重复执行其内部代码的。如果事先不知道循环次数，并且希望在某些条件成立之前一直循环，那么通常使用 积木。 积木的结构和流程如图 6-3 所示。

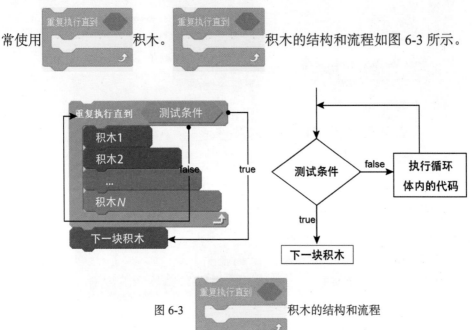

图 6-3 积木的结构和流程

积木在迭代前先计算测试条件的结果，如果结果为 false，则执行循环体内的代码；在循环体内的代码执行完毕后，再次计算测试条件的结果，如果结果仍为 false，则再次执行循环体内的代码；如果结果为 true，则迭代终止，执行循环体后面的代码。

假设某游戏向玩家提出一道数学题，如果回答错误，那么该游戏会重新给玩家一次回答的机会，换言之，该游戏会询问相同的问题，直到玩家回答正确。显然，此处使用

积木是不合适的，因为我们不能预测玩家需要多少次才能回答正确。这种

情况使用积木就非常合适，参考代码如图 6-4 所示。

图 6-4 重复询问直到回答正确的代码

6.1.3 无限循环

在编程中，一个无法靠自身控制终止的程序称为死循环，又称为无限循环。无限循环并不是一个需要刻意避免的问题，相反，在实际应用中，经常需要用到无限循环。例如，在 Windows 操作系统中，窗口程序中的窗口都是通过一个叫消息循环的无限循环实现的。

积木：无限次重复执行某个操作。这样的循环自身没有终止循环的条件。

当我们编写的程序不需要进行无限次循环时，如何结束循环或停止程序呢？

可以使用"控制"模块中的停止积木。

6.1.4 停止积木

停止积木包括以下 3 种类型。

停止 全部脚本积木：立刻停止运行程序中的所有代码，等价于"停止"按钮●。

停止 这个脚本积木：立刻停止运行该积木所在的代码块。

停止 该角色的其他脚本积木：停止运行当前角色或舞台的其他所有代码。

为了便于理解，我们来看一个简单的案例：玩家通过按方向键移动码猿，使其避免碰到小球，如图 6-5 所示。

两个小球会不断地追逐码猿，玩家通过按方向键控制码猿移动来躲避小球。如果码猿碰到红球，则游戏结束；如果码猿碰到绿球，则绿球停止追逐并加快红球的追逐速度，使码猿更难逃离红球的追逐。控制码猿向上、向下、向左、向右移动的代码不难完成，如图 6-6 所示。

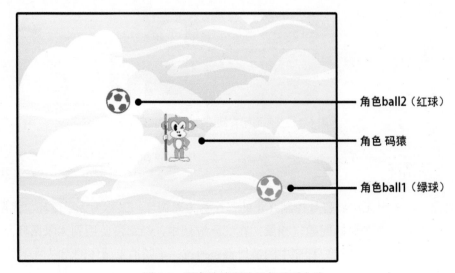

图 6-5　玩家移动码猿避免碰到小球

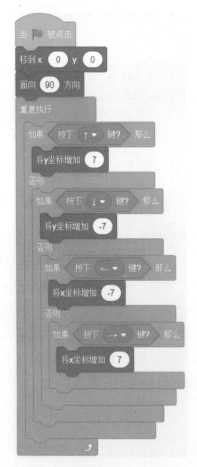

图 6-6　控制码猿移动的代码

绿球和红球的代码如图 6-7 所示。

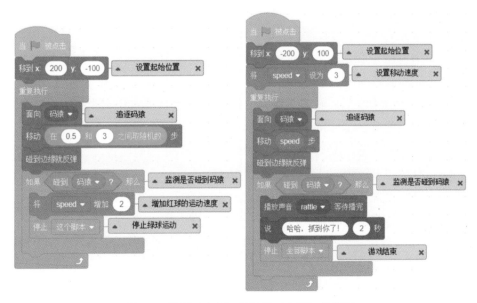

图 6-7　绿球（左侧）和红球（右侧）的代码

当绿球碰到码猿时，它会增加变量 speed 的值（用于设置红球的追逐速度），然后执行 停止 这个脚本 ▼ 积木中的代码，使绿球停止运动，但程序中其他代码（如红球的代码）依然正常运行。当红球碰到码猿时，它会执行 停止 全部脚本 ▼ 积木中的代码，这意味着停止运行程序中的所有代码，游戏结束。

6.2　模拟时钟

6.2.1　任务描述

制作一个《模拟时钟》程序，程序界面如图 6-8 所示。需要让时针、分针和秒针的运动规律和真实的时钟相同。

图 6-8　《模拟时钟》的程序界面

6.2.2　任务实施

首先，需要分析时针、分针和秒针的运动规律。

秒针每走一步绕中心点旋转多少度？秒针走一步为 1 秒，走一圈为 60 秒，所以秒针每走一步绕中心点旋转 6 度（360÷60=6）。

分针每走一步绕中心点旋转多少度？分针走一步为 1 分，走一圈为 60 分，所以分针每走一步绕中心点旋转 6 度（360÷60=6）。

时针每走一步绕中心点旋转多少度？时针走一步为 1 小时，走一圈为 12 小时，所以时针每走一步绕中心点旋转 30 度（360÷12=30）。

根据以上分析设计《模拟时钟》程序。

第 1 步：创建各类角色和背景。

创建"秒针"角色、"分针"角色、"时针"角色、"时间显示器"角色和时钟背景，如图 6-9 所示。注意：设置好"秒针"角色、"分针"角色、"时针"角色的中心点位置，使其可以绕着中心点旋转。以"秒针"角色为例，其中心点位置如图 6-10 所示。

图 6-9　"秒针"角色、"分针"角色、"时针"角色、"时间显示器"角色和时钟背景

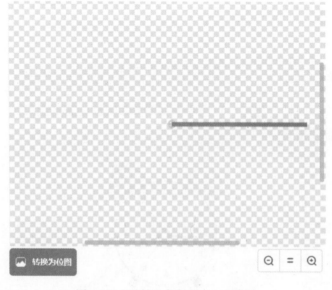

图 6-10　"秒针"角色的中心点位置

第 2 步：编写"秒针"角色的代码。

"秒针"角色每走一步绕中心点旋转 6 度，然后等待 1 秒。"秒针"角色的代码如图 6-11 所示。

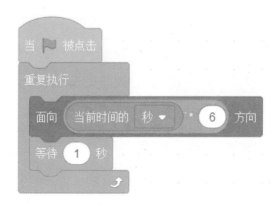

图 6-11 "秒针"角色的代码

第 3 步：编写"分针"角色的代码。

"分针"角色每走一步绕中心点旋转 6 度，然后等待 60 秒。"分针"角色的代码如图 6-12 所示。

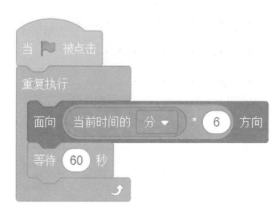

图 6-12 "分针"角色的代码

第 4 步：编写"时针"角色的代码。

这里需要添加一个 angle 变量，通过这个变量使"时针"角色的角度每分钟都发生变化，1 小时累积变化 30 度。"时针"角色的代码如图 6-13 所示。

第 5 步：编写"时间显示器"角色的代码。

添加一个 time 变量，以"x:x:x"的形式存储时间值。"时间显示器"角色的代码如图 6-14 所示。

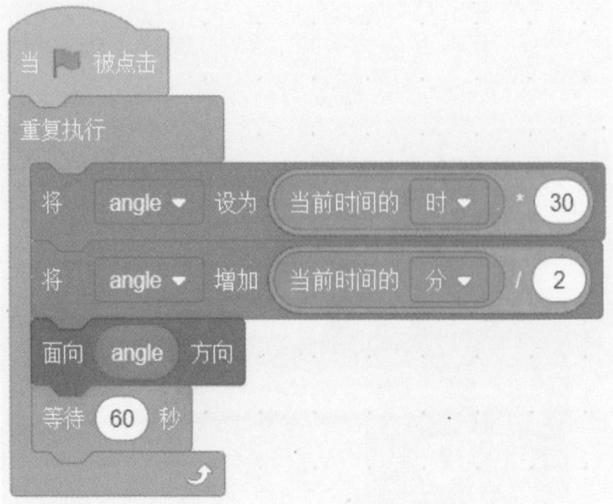

图 6-13 "时针"角色的代码

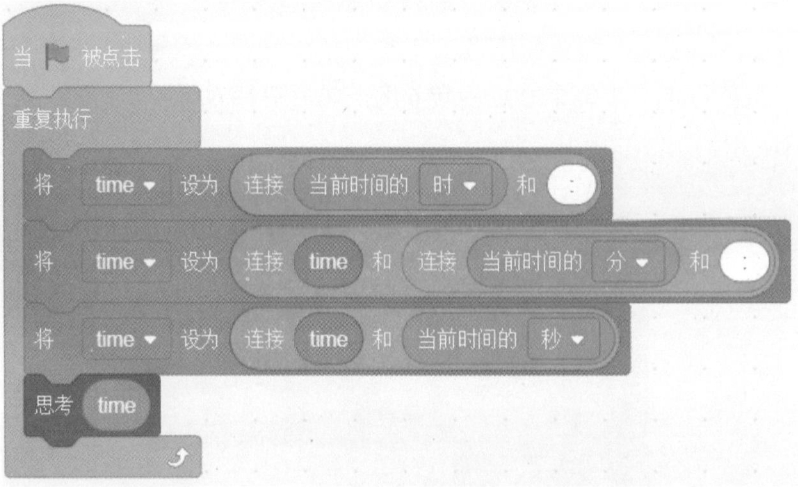

图 6-14 "时间显示器"角色的代码

6.3 码猿列队

6.3.1 任务描述

制作一个《码猿列队》程序，要求根据用户选择的形状（三角形、正方形、菱形），使用循环结构积木和 ✏️ 图章 积木展示码猿列队的动画过程，程序界面如图 6-15 所示。

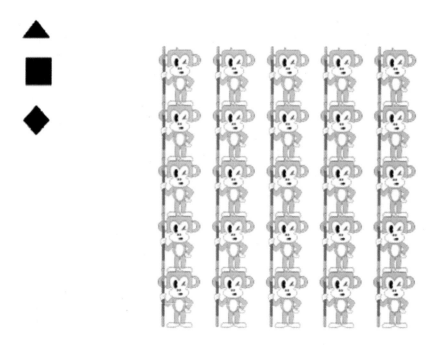

图 6-15 《码猿列队》的程序界面

6.3.2 任务实施

在一个循环结构中包含另一个循环结构，称为循环嵌套。本任务需要使用循环嵌套技术，这种技术是非常重要的，它可以解决大量的编程问题。

根据任务要求，首先需要在舞台左上角绘制 3 个几何图形供用户选择，这 3 个几何图形分别为三角形、正方形、菱形，分别对应"三角形"角色、"正方形"角色、"菱形"角色。"三角形"角色、"正方形"角色、"菱形"角色的代码如图 6-16 所示，在用户单击某个几何图形后，该几何图形对应的角色会广播相应的消息。

图 6-16 "三角形"角色、"正方形"角色、"菱形"角色的代码

程序在接收到"三角形"角色、"正方形"角色或"菱形"角色广播的消息后，会控制"码猿"角色进行列队，三角形列队和正方形列队的代码如图 6-17 所示。

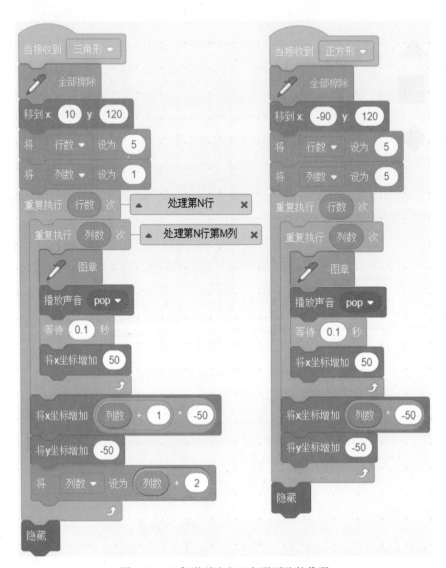

图 6-17　三角形列队和正方形列队的代码

　　根据图 6-17 可知，每种列队代码均使用了一个双层循环嵌套和两个循环计数器（行数和列数）。以三角形列队为例，外层循环的计数器为行数（初始值为 5），内层循环的计数器为列数（初始值为 1）。在外层循环的第一次迭代中，其内层循环会重复执行 1 次，使用 🖊️ 图章 积木将码猿图像印在舞台上，在内层循环执行完毕后，程序将码猿的 x 坐标和 y 坐标设置到下一行的起始位置，并且将列数增加 2，然后开始外层循环的下一次迭代。

　　菱形列队是由一个正三角形列队和一个倒三角形列队构成的，但在编写代码时，注意控制好每行的起始位置和列数，代码如图 6-18 所示。

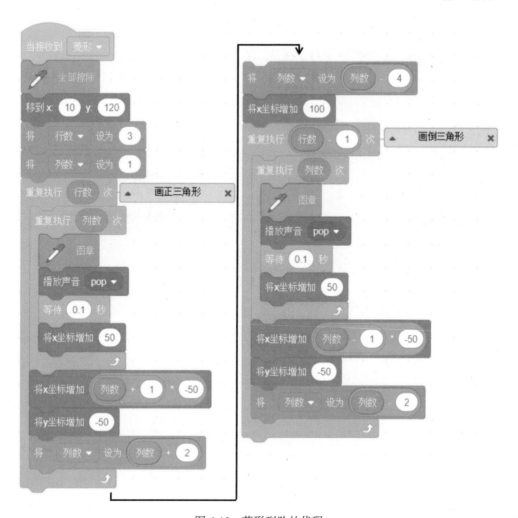

图 6-18　菱形列队的代码

尝试为本任务增加平行四边形、梯形等形状的列队。

任务拓展

6.4　码猿接香蕉

6.4.1　任务描述

制作一个《码猿接香蕉》游戏，香蕉会从舞台的顶部随机落下，模拟香蕉从树上落下的场景，玩家通过按方向键控制码猿向左、向右移动，使其接住不断落下的香蕉，接住一串香蕉得 1 分，游戏界面如图 6-19 所示。

图 6-19 《码猿接香蕉》的游戏界面

6.4.2 任务实施

在该游戏中，会有许多香蕉从树上落下，那么是否需要为每串香蕉设置一个角色呢？不需要，我们创建一个"香蕉"角色，然后使用克隆技术即可复制出"香蕉"角色的多个克隆体。

第 1 步：设置舞台背景，选取相关角色，完成界面设计。

第 2 步：创建全局变量。

为了增加游戏的趣味性，创建"香蕉数"变量，用于记录码猿接到的香蕉数量。这里创建的"香蕉数"变量是全局变量，它是适用于所有角色的变量，对"香蕉"角色的所有克隆体来说都是相同的，"香蕉"角色的不同克隆体之间可以共用。

勾选"香蕉数"变量积木前面的复选框，使其在舞台左上角显示。

第 3 步：编写"码猿"角色的代码。

"码猿"角色的代码如图 6-20 所示。单击"运行"按钮 ，"码猿"角色被移动到舞台的底部中央，然后通过重复执行的方式不断检查←方向键或→方向键是否被按下。如果按←方向键，则"码猿"角色向左移动；如果按→方向键，则"码猿"角色向右移动。将"码猿"角色每次移动的步长设置为18步。可以通过修改"码猿"角色每次移动的步长来调整其移动的速度。注意：这里使用了无限循环积木。

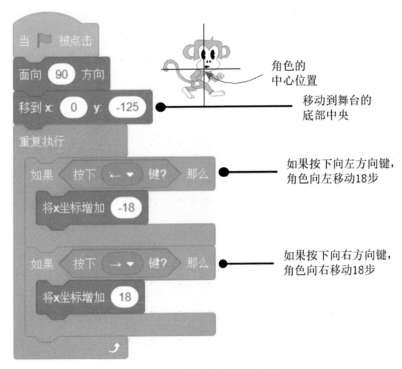

图 6-20 "码猿"角色的代码

第 4 步：编写"香蕉"角色的代码。

"香蕉"角色的代码如图 6-21 所示。在游戏开始时需要先初始化程序，将"香蕉数"
变量的值设置为 0，然后重复执行 17 次，表示一共落下 17 串香蕉。

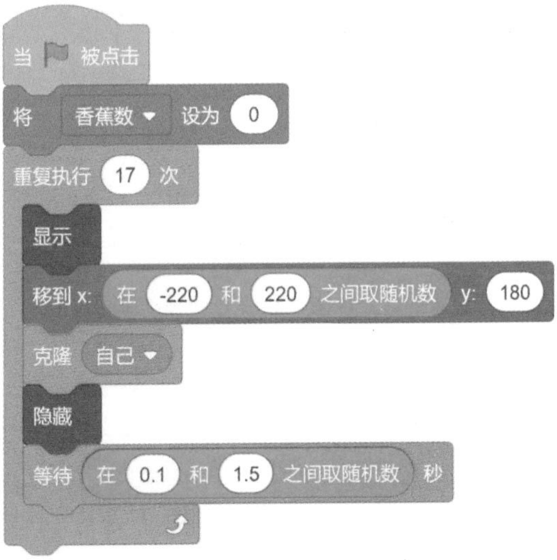

图 6-21 "香蕉"角色的代码

每次重复执行，"香蕉"角色都会随机出现在舞台上方，然后使用 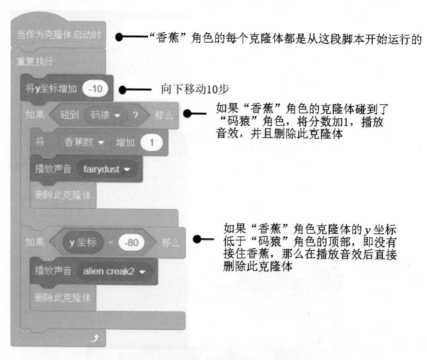 积木复制自身，接着使用 积木将其隐藏，在等待一个很短的随机时间后继续重复执行这些步骤。

请读者考虑 积木和 积木的作用，将其删除或与其他积木调换位置，观察有什么变化。

在图6-21中，有两处用到了随机数积木，如果分别去掉这两处随机数积木，会出现什么现象？

单击执行图6-21中的代码，会发现"香蕉"角色的17个克隆体都聚集在舞台的上方，并没有下落，这是什么原因？

因为我们还需要告诉"香蕉"角色的克隆体应该做什么，如图6-22所示。

图 6-22 "香蕉"角色克隆体的代码

在克隆完毕后， 积木使"香蕉"角色的每个克隆体都以它为起点开始运行。在循环体内，"香蕉"角色的克隆体不断地向下落，每次向下移动10步。每向下移动一次，都需要检查它是否被"码猿"角色接住。如果"香蕉"角色的克隆体碰到了"码猿"角色，则表示"码猿"角色接住了"香蕉"角色的克隆体，代表分数的"香蕉数"变量的值增加1，播放音效，然后删除"香蕉"角色的克隆体（因为"香蕉"角色的克隆体不需要再做什么了）；如果"香蕉"角色克隆体的 y 坐标低于"码猿"角色的高度，则表示没有接住，这时播放一个不同的音效，然后删除"香蕉"角色的克隆体。

因此，如果需要多个相同的角色，其动作、造型完全相同，但位置不同，如漫天的烟火或繁星，那么可以使用克隆技术。克隆体不是新的角色，只是原角色的一个克隆体。

克隆技术主要用到"控制"模块中的 3 个积木： 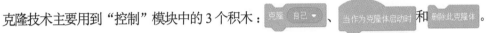 和 。

一个克隆体在被创建后会自动启动，同时触发相应的事件（ 积木下面的代码）。在克隆体的相关代码运行结束后，需要使用 积木将其删除。

6.5　射气球

6.5.1　任务描述

制作一个《射气球》游戏，要求一批气球从舞台底部的随机位置以随机速度向上升起，玩家通过移动鼠标来移动枪的靶心，在瞄准气球后单击鼠标左键射击，每射中一个气球得 1 分，游戏界面如图 6-23 所示。

图 6-23　《射气球》的游戏界面

6.5.2　任务实施

根据任务描述，本任务需要创建"靶心"和"气球"两个角色，读者可以从 Scratch 的角色库中选取，也可以自行绘制角色的造型。"气球"角色的设计思路与《码猿接香蕉》游戏中的"香蕉"角色类似，可以使用克隆技术实现。同样，需要添加一个变量，用于记录玩家射中的气球个数。

第 1 步：绘制角色造型。

与手工绘图相比，计算机绘图是一种高效率、高质量的绘图技术。手工绘图使用三角板、丁字尺、圆规等简单工具，是一项细致、复杂的劳动，不但效率低、质量差，而且周期长、不易于修改。

在 Scratch 中，如果所需的角色在角色库中不存在，则需要绘制角色的造型。对于本游戏，可以按照如图 6-24 所示的步骤绘制"靶心"角色的造型。

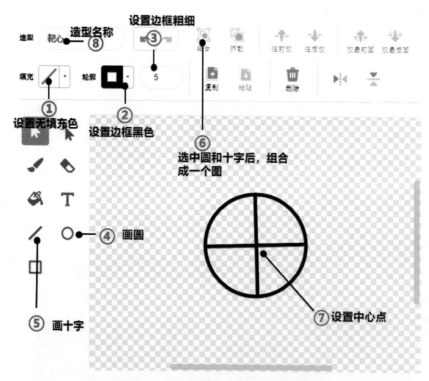

图 6-24　绘制"靶心"角色造型的步骤

最后，在角色操作区中，修改角色名称为"靶心"。

第 2 步：定义全局变量。

定义"射中气球"变量，用于表示射中气球的数量。勾选"射中气球"变量积木前面的复选框，使其显示在游戏界面的左上角。

第3步：编写"靶心"角色的代码。

对于"靶心"角色，可以通过设置"靶心"角色跟随鼠标指针移动来实现瞄准功能，代码如图6-25所示。

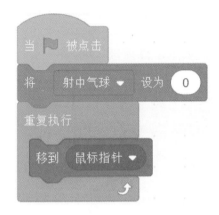

图6-25 "靶心"角色的代码

在程序开始执行后，首先将"射中气球"变量的值初始化为0，然后通过重复执行的方式实现"靶心"角色跟随鼠标指针移动的功能。

第4步：编写"气球"角色的代码。

对于"气球"角色，首先利用克隆技术生成"气球"角色的多个克隆体，并且控制它们以随机频率出现在地平线上的随机位置，具体实现方法可以参考《码猿接香蕉》游戏中"香蕉"角色的相关代码。"气球"角色的代码如图6-26所示。

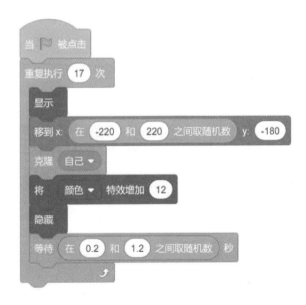

图6-26 "气球"角色的代码

在完成"气球"角色的克隆后，需要给"气球"角色的克隆体编写代码，使其以随机速度向上升起，并且在超过舞台上边界后消失（删除该克隆体）。

最后需要判断气球是否被射中，这需要判断以下两个条件是否同时成立：

- "气球"角色克隆体的位置与"靶心"角色重合（瞄准）；
- 玩家单击鼠标左键（射击）。

"气球"角色克隆体的代码如图 6-27 所示。

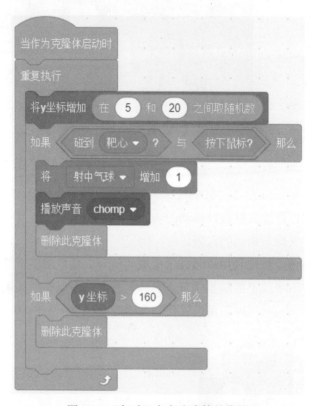

图 6-27 "气球"角色克隆体的代码

根据图 6-27 中的代码可知，当"气球"角色的克隆体碰到"靶心"角色且玩家单击鼠标左键时（表示瞄准并开枪），播放开枪的音效，并且将"射中气球"变量的值增加 1，同时删除被射中的"气球"角色克隆体。

本章小结

本章我们主要讲解循环结构，包括有限次数循环、条件循环、无限循环和停止积木的应用，然后通过讲解案例《模拟时钟》、《码猿列队》、《码猿接香蕉》和《射气球》来巩固循环结构的相关知识。

练一练

（1）设计一个判断素数的程序。要求：输入一个数，判断它是否为素数，并且在舞台上输出结果。提示：素数是只能被 1 和自身整除的数。

（2）设计一个《快乐的鱼儿》程序。要求：

- 在单击"运行"按钮 🏳 后，在蓝蓝的海底，鱼儿们正在快乐地游动着，时而翻转，时而嬉戏；

- 让鱼儿在舞台上的任意位置出现；

- 让鱼儿在舞台上可以旋转任意的角度。

（3）设计一个求斐波那契数列的程序。要求：输入项数 n，在舞台上输出 n 项斐波那契数列。提示：在斐波那契数列（0，1，1，2，3，5，8……）中，从第 3 项开始，每一项是前两项之和。

（4）设计一个字符串加密程序。要求：输入字符串，使用加密规则对输入的字符串进行加密，并且在舞台上输出加密后的字符串。加密规则如下：将字符串的末字母放到最前面，然后在字符串末尾加上 "xy"，如字符串 "hello" 在加密后变成字符串 "ohellxy"。

（5）设计一个求解百鸡问题的程序。百鸡问题：公鸡每只 5 元，母鸡每只 3 元，小鸡 3 只 1 元，用 100 元买 100 只鸡，问公鸡、母鸡、小鸡各多少只？

（6）设计一个《地下冒险》游戏，游戏界面如图 6-28 所示。要求：

图 6-28 《地下冒险》的游戏界面

- 自舞台下方开始随机出现红色楼层，这些红色楼层在上升到一定高度后消失；

- 通过←方向键、→方向键控制码猿向左、向右移动；

- 统计通过的层数，只有通过了 100 层，码猿才能成功获救；

- 如果码猿碰到最上面或最下面的黑色陷阱，那么游戏结束。

（7）设计一个《打地鼠》游戏。要求：

- 在单击"运行"按钮 █ 后，地鼠会随机地从不同洞中钻出来，然后快速地缩回去；

- 玩家用鼠标控制锤子打地鼠，打到一次得 1 分，并且将分数显示在屏幕上；

- 游戏总时长为 1 分钟，采用倒计时的方式显示时间，在游戏结束后切换至游戏结束页面，并且显示获得的总分。

07 消息与过程

在程序设计中，消息是指带有某种信息的信号。例如，用户单击鼠标左键会产生鼠标消息，在键盘上输入字符会产生键盘消息，窗口大小的改变也会产生消息。消息从何而来？在冯·诺依曼体系结构中，计算机由运算器、存储器、控制器、输入设备和输出设备五大部件组成，消息主要来自输入设备，如键盘、鼠标、扫描仪等，或者来自程序内部。Scratch 中的消息机制可以让众多角色的代码协调一致地运行。

为了提高开发效率和代码的可维护性，在通常情况下，将程序根据不同的功能划分为多个部分，并且封装到不同的代码块中，我们将这样的代码块称为过程。

面向过程（Procedure Oriented）是一种以过程为中心的编程方法，具体做法是分析解决问题所需要的步骤，然后用过程将这些步骤一步一步实现，在使用时依次调用即可。合理使用过程能让程序更加清晰，更容易测试和调试。

7.1 消息

7.1.1 Scratch 的消息机制

Scratch 的消息机制允许任何角色广播带有名称的消息。在实践中，消息的名称应该具有实际意义，即具有可读性。例如，gameOver 是一个具有可读性的名称，根据该名称可以猜到，在接收到这个消息后，游戏结束；而 abc 不是一个具有可读性的名称，因为无法根据该名称猜到这个消息的含义。

使用"事件"模块中的 ![广播 消息1 并等待] 积木和 ![广播 消息1] 积木可以命令相应的角色广播消息。![广播 消息1 并等待] 积木与 ![广播 消息1] 积木非常相似，但是前者会一直等待，直到所有接收消息的代码执行完毕，才继续向下执行；后者只负责广播消息，不用等待即可继续执行当前角色后面的代码。"事件"模块中的 ![当接收到 消息1] 积木主要用于接收广播的消息。"事件"模块中的消息积木如图 7-1 所示。

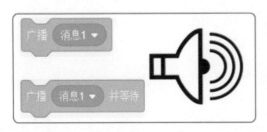

图 7-1 "事件"模块中的消息积木

广播的消息会发送给所有角色（包括当前广播消息的角色），只要 当接收到 消息1 ▾ 积木中的消息名称和广播的消息名称相同，这块积木下的代码就会被触发执行。

下面看一个关于消息广播的案例，如图 7-2 所示。该案例中包含 4 个角色：海星、码猿、青蛙和蝙蝠。"海星"角色广播了一条名为 jump（跳跃）的消息，这条消息会发送给所有角色，包括"海星"角色。只有"海星"角色和"青蛙"角色在接收到 jump 消息后执行了相应的代码，注意，它们的 jump 消息响应代码并不相同。"蝙蝠"角色和"码猿"角色虽然也接收到了 jump 消息，但没有任何反应，因为它们没有与 jump 消息对应的

当接收到 jump ▾ 积木。此外，"码猿"角色会响应 walk（走动）消息，而"蝙蝠"角色会响应 fly（飞行）消息。

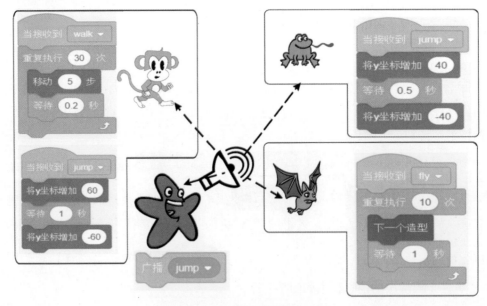

图 7-2 关于消息广播的案例

7.1.2　使用广播协调多个角色

接下来看一个较为复杂的程序：多个角色响应一条消息。该程序功能如下：在单击舞台后，绘制 5 朵花。

创建 5 个角色（依次命名为 Flower1 ～ Flower5），每个角色负责绘制一朵花，这 5 个角色的造型如图 7-3 所示。

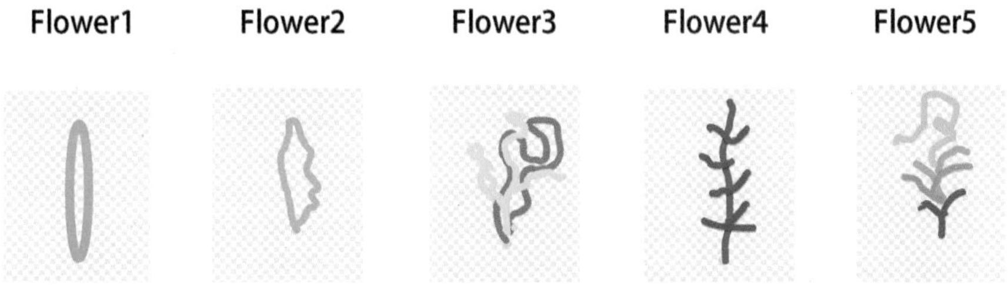

Flower1　　Flower2　　Flower3　　Flower4　　Flower5

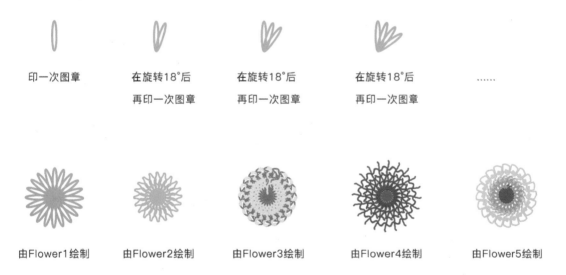

图 7-3　5 个角色的造型

花朵角色在接收到绘图消息后，会进行多次旋转，并且在每次旋转后使用  图章 积木印下相应造型的图案，如图 7-4 所示。

印一次图章　　在旋转18°后　　在旋转18°后　　在旋转18°后　　·······
　　　　　　 再印一次图章　　再印一次图章　　再印一次图章

由Flower1绘制　　由Flower2绘制　　由Flower3绘制　　由Flower4绘制　　由Flower5绘制

图 7-4　花朵的绘制过程与效果

在程序监测到单击舞台后，擦除舞台上的所有笔迹和图章，并且广播一条 Draw（绘制）消息，代码如图 7-5 所示。

图 7-5　舞台的代码

在 5 个花朵角色接收到 Draw 消息后，绘制相应的花朵图案，代码如图 7-6 所示。

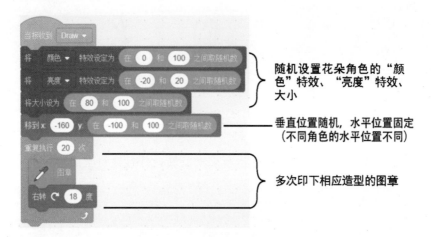

图 7-6　绘制花朵图案的代码

随机设置花瓣的"颜色"特效、"亮度"特效、大小和垂直位置，然后通过多次旋转绘制出美丽的花朵图案。

7.2　多米诺骨牌

7.2.1　任务描述

在一个互相联系的系统中，一个很小的初始能量可能产生一系列连锁反应，人们将这种现象称为多米诺骨牌效应或多米诺效应。

本任务要求我们利用 Scratch 的消息机制协调不同的角色，演示多米诺骨牌依次倾倒的动画过程。本程序中包含的角色如下：码猿、小球、桌面和 6 块多米诺骨牌，在用户单击"码猿"角色后，会触发小球向右滚动，并且在碰到第一块多米诺骨牌时引起连锁反应，使多米诺骨牌依次倾倒。《多米诺骨牌》的程序界面如图 7-7 所示。

图 7-7 《多米诺骨牌》的程序界面

7.2.2 任务实施

第 1 步：创建和添加角色。

首先创建"小球"角色和"码猿"角色，然后使用自带的画图功能创建 6 个多米诺骨牌角色和"桌面"角色。

第 2 步：编写"码猿"角色和"小球"角色的代码。

本任务会通过广播消息将各个角色串联起来。在用户单击"码猿"角色后，"码猿"角色会广播一条 roll（滚动）消息。"小球"角色在接收到 roll 消息后开始向右滚动，并且在碰到第一块多米诺骨牌时广播一条 begin（开始）消息。第一块多米诺骨牌在接收到 begin 消息后开始向右倾倒，并且在碰到第二块多米诺骨牌时广播一条 fall1（倾倒）消息；第二块多米诺骨牌在接收到 fall1 消息后开始向右倾倒，并且在碰到第三块多米诺骨牌时广播一条 fall2（倾倒）消息；以此类推，直到最后一块多米诺骨牌倾倒。"码猿"角色和"小球"角色的代码如图 7-8 所示。

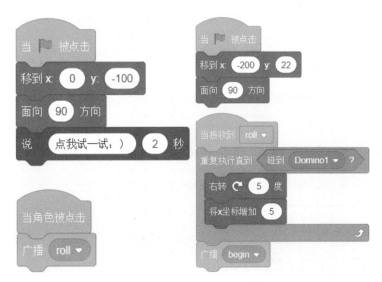

图 7-8 "码猿"角色（左）和"小球"角色（右）的代码

第 3 步：编写第一个多米诺骨牌角色的代码。

第一个多米诺骨牌角色的代码如图 7-9 所示。第一块多米诺骨牌在倾倒的过程中碰到第二块多米诺骨牌时，会广播一条 fall1 消息。

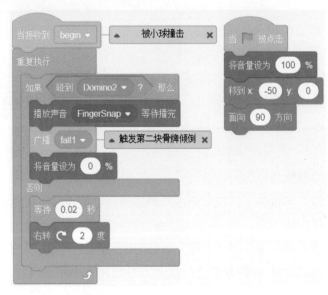

图 7-9　第一个多米诺骨牌角色的代码

第 4 步：编写第二个多米诺骨牌角色的代码。

第二个多米诺骨牌角色的代码如图 7-10 所示。第二块多米诺骨牌在倾倒的过程中碰到第三块多米诺骨牌时，会广播一条 fall2 消息。其他多米诺骨牌角色的代码以此类推。

图 7-10　第二个多米诺骨牌角色的代码

任务拓展 本任务中的多米诺骨牌均在一条直线上，结合几何原理，尝试发挥你的想象力，设计出更加复杂的多米诺骨牌倾倒动画。

7.3 过程

7.3.1 结构化程序设计

我们之前看到的程序都比较简短，而且功能简单。随着学习的深入，需要编写更加复杂的程序，这些程序可能包含成百上千块积木，这时想要理解和维护程序就会非常困难。

20 世纪 60 年代中期出现了一种称为结构化程序设计的编程方法，它能简化计算机程序的编写、理解和维护的工作。采用这种方法编写的程序不是用一段很长的代码实现所有的功能，而是将实现某种功能的代码划分为一个独立单元，从而得到实现不同功能的多个独立单元。

我们以刷牙为例，步骤如下。

第 1 步：在杯中倒满水；

第 2 步：将牙膏挤到牙刷上；

第 3 步：用牙刷刷牙，持续 3 分钟；

第 4 步：漱口与清洗牙刷。

与之类似，在解决某个计算机问题时，使用结构化程序设计方法，将问题分解为许多易于管理的部分，有助于梳理程序的脉络和逻辑，有利于维护各部分之间的关系。

下面看一个案例，如图 7-11 所示。该案例的功能是在舞台上绘制一个图形，但是你能从图 7-11 左侧的代码中一眼看出最终绘制的是什么图形吗？答案是不能。

因此，我们需要将代码分解为多个更小的逻辑块。例如，图 7-11 左侧的第 2 ~ 7 块积

木的功能是初始化角色的相关信息，将其封装到 Initialize 过程中；第 1 块

积木的功能是绘制正方形，将其封装到 Draw square 过程中；第 2 块　　　　　积木

的功能是绘制三角形，将其封装到 Draw triangle 过程中；以此类推。使用结构化程序设计方法可以聚集功能类似的积木，从而形成过程。

在创建了多个过程后，我们便能以特定的顺序调用它们，从而解决编程问题了。图 7-11 右侧的代码就是将左侧代码封装的多个过程卡合在一起的结果，其运行结果与左

侧代码的运行结果是相同的。你是否也觉得使用过程的代码（右侧）比最初的代码（左侧）更加模块化且易于理解呢？

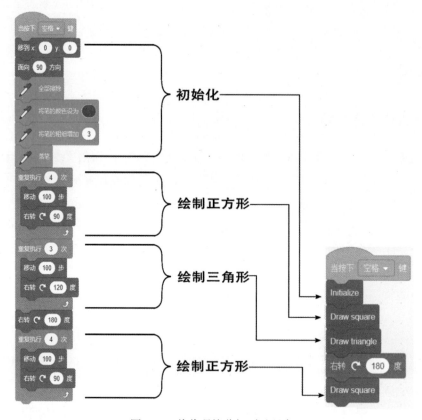

图 7-11　将代码块分解到过程中

使用结构化程序设计方法可以避免多次出现相同的代码块。如果代码中多次使用一系列相同的积木，那么可以将这些积木封装到一个过程中，在使用时只需调用该过程，从而提高代码的复用率。例如，在图 7-11 中，需要绘制两个正方形，将绘制正方形的积木封装到一个过程中，在使用时直接调用该过程即可，使代码更加清晰、易于理解。

使用结构化程序设计方法解决复杂问题的本质是分而治之：将一个复杂的问题分解成多个简单的子问题，然后分别解决这些子问题，并且独立地测试每个子问题，最后将已经解决的子问题整合到一起，从而解决最初的问题。

7.3.2　制作新积木

在 Scratch 的"自制积木"模块中可以制作新积木。我们以 Draw square（绘制正方形）过程为例，单击"自制积木"模块中的"制作新的积木"按钮，弹出"制作新的积木"对话框，输入新制作的积木名称"Draw square"，如图 7-12 所示，然后单击"完成"按钮，

在积木区的"自制积木"模块中就会出现一块 Draw square 积木，同时在代码编辑区中也会

出现一块 定义 Draw square 积木。

图 7-12 "制作新的积木"对话框

在 定义 Draw square 积木的下方编写绘制正方形的代码，这段代码就是 Draw square 过程，
如图 7-13 所示。

图 7-13 Draw square 过程

Draw square 过程在创建完毕后可以直接调用，具体调用方法与普通积木的调用方法相同，将其拖动到代码编辑区中并与其他积木进行相应的卡合即可。

如果我们希望绘制的正方形边长是由过程调用者指定的，那么该如何处理？

可以通过给 Draw square 过程积木添加参数来解决这个问题。

首先，在"自制积木"模块中右击 Draw square 积木（或者在代码编辑区中右击 定义 Draw square 积木），在弹出的快捷菜单中选择"编辑"命令，弹出"制作新的积木"对话框，由于边长是一个数字，因此单击"添加输入项数字或文本"按钮，即可将一个数字或文本参数添加到积木中，为了让这个参数名表现出边长的含义，可以将默认的名称修改为 side（或 length、sideLength 等，参数名是任意的，但是建议使用一个有实际意义的名称），如图 7-14 所示。最后单击"完成"按钮，Draw square 积木和 定义 Draw square 积木就变成了 Draw square ◯ 积木和 定义 Draw square side 积木。

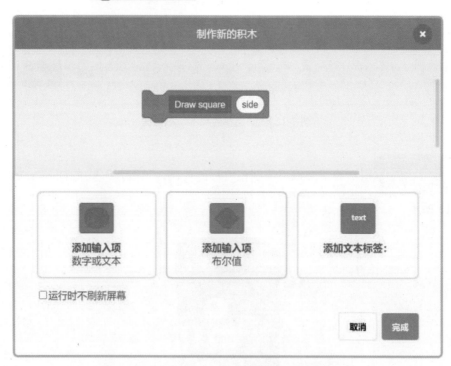

图 7-14　给 Draw square 过程积木添加参数的方法

修改 Draw square 过程，使其成为带参数的 Draw square 过程，如图 7-15 所示。

图 7-15　带参数的 Draw square 过程

　　使用带参数的 Draw square 过程绘制边长分别为 100 步和 150 步的两个正方形，如图 7-16 所示。

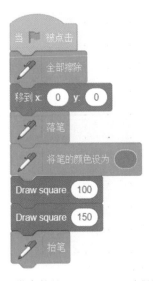

图 7-16　带参数的 Draw square 过程的应用

7.4　跳跃的码猿

7.4.1　任务描述

　　制作一个《跳跃的码猿》程序。使用结构化程序设计方法，为"码猿"角色加入行走、跳跃、翻跟头、喷射火球等功能。《跳跃的码猿》的程序界面如图 7-17 所示。

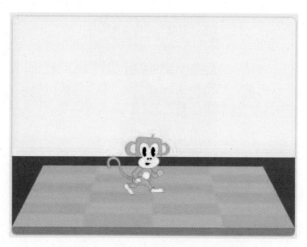

图 7-17 《跳跃的码猿》的程序界面

7.4.2　任务实施

本任务中的"码猿"角色具备行走、跳跃、翻跟头、喷射火球共 4 项技能，行走可以通过←方向键、→方向键控制实现，跳跃、翻跟头、喷射火球可以通过↑方向键、F 键和空格键控制实现，代码如图 7-18 所示。

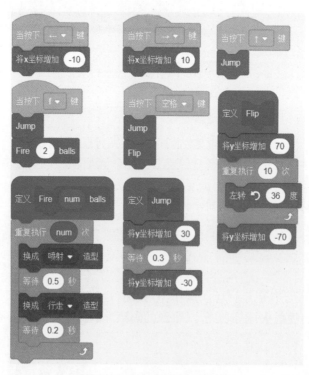

图 7-18 "码猿"角色的代码

在图 7-18 中，使用 定义 Jump 过程积木可以控制"码猿"角色跳跃；使用 定义 Flip 过程积木可以控制"码猿"角色翻跟头；使用 定义 Fire num balls 过程积木可以控制"码猿"角色喷射火球，num 变量表示喷射火球的数量，balls 为该过程的文本标签。

 尝试使用过程积木给"码猿"角色添加其他技能。

任务拓展

本章小结

本章讲解了程序设计中两个非常重要的基本概念，首先讲解了消息机制，它能让不同角色之间进行交流，并且同步各个角色之间的行为；然后讲解了结构化程序设计，讲解了制作新积木和创建过程的方法，并且讲解了如何向过程中传递参数；此外通过讲解案例《多米诺骨牌》和《跳跃的码猿》来巩固所学知识。

练一练

（1）设计一个《画花》程序。要求：
- 在单击"运行"按钮 ▶ 后开始作画；
- 舞台上有一个可以随着鼠标指针移动的红点；
- 单击舞台，花瓣旋转形成花朵，一朵花所有花瓣的颜色、大小都不能相同；
- 不能固定设置花的颜色，即每朵花的颜色不同；
- 按←键、→键改变花的颜色。

（2）设计一个《玛利亚猫》游戏，游戏界面如图 7-19 所示。要求：
- 通过按空格键和方向键使玛利亚猫到达上方；
- 注意造型的变化和消息的广播。

（3）设计一个《绘制正多边形》程序。要求：
- 自制一个绘制正多边形的过程积木，该过程积木有两个参数，分别为 num 和 length。num 表示边数，length 表示边长；
- 用户输入 num 和 length 的值，在舞台中间绘制该正多边形。

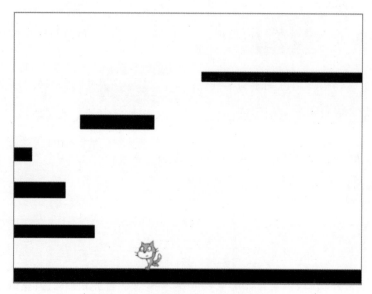

图 7-19 《玛利亚猫》的游戏界面

（4）设计一个《面积计算》程序，程序界面如图 7-20 所示。要求：

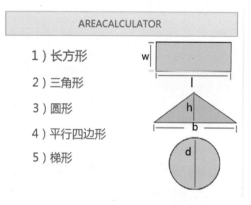

图 7-20 《面积计算》的程序界面

- 为每种图形创建一个计算面积的过程积木；
- 在单击"运行"按钮 🏳 后，询问用户计算哪种图形的面积，要求用户输入 1 ～ 5 中的某个整数；
- 根据用户的选择，继续询问计算该图形面积的参数值，并且根据参数值计算图形的面积；
- 在舞台上输出图形的面积。

（5）设计一个《求最大公约数》程序。要求：

- 自制一个求 m 和 n 的最大公约数的过程积木，m 和 n 是该过程积木的两个数值参数；
- 采用更相减损法，算法描述如下：对于给定的两个数，用较大的数减去较小的数，然后将差和较小的数构成新的一对数，再用较大的数减去较小的数，反复执行此步骤直到差值和较小的数相等，此时相等的两数便为原来两个数的最大公约数。

（6）设计一个《码猿挖宝石》游戏，游戏界面如图 7-21 所示。游戏开始，会出现一个左右运动的宝石夹，当夹子运动到一定的角度，按下空格键，宝石夹会穿过地面，如果碰到宝石，则将宝石夹出地面，如果没有碰到宝石，则会一直运动，直到碰到边缘，最后回到初始位置；同时创建两个变量，一个表示倒计时，一个表示宝石数量，在规定的时间内，看大家能挖到多少块宝石。

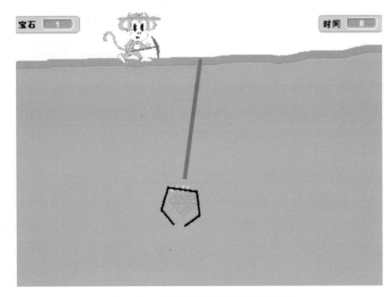

图 7-21 《码猿挖宝石》的游戏界面

08 数据结构与算法

计算机领域有一个著名的公式：

程序＝算法＋数据结构

数据结构是指互相之间存在一种或多种特定关系的数据元素的集合，是计算机存储和组织数据的一种方式。在通常情况下，选择合适的数据结构可以带来更高的运行或存储效率。

本章以列表为例，简单介绍 Scratch 中与数据结构有关的基本知识。在 Scratch 中，变量可以存储单一的值，但如果需要存储一系列的值，单个变量就显得力不从心了。例如，要存储 20 个电话号码，那么程序就得使用 20 个变量，非常麻烦。本章介绍的列表可以将相关的多个值整合在一起，从而解决此类问题。

8.1 数据结构

8.1.1 数据结构概述

美国的唐纳德·克努特教授开创了数据结构的最初体系，他所著的《计算机程序设计艺术》第一卷《基本算法》是第一本较系统地阐述数据的逻辑结构、存储结构及其操作的著作。《数据结构》在计算机科学中是一门综合性的专业基础课，它是介于数学、计算机硬件和计算机软件之间的一门核心课程。这门课程的内容不仅是程序设计的基础，而且是设计和实现编译程序、操作系统、数据库系统及其他系统程序的基础。

数据结构是由数据元素根据某种逻辑联系组织起来的，我们将对数据元素间的逻辑关系的描述称为数据的逻辑结构。数据必须存储于计算机内。数据的存储结构是数据结构的实现形式，是其在计算机中的表示形式。此外，讨论一种数据结构必须同时讨论在该类数据上执行的运算才有意义。数据的一种逻辑结构可以有多种存储结构，并且不同的存储结构会影响处理数据的效率。

在程序设计中，数据结构的选择是一个最基本的设计考虑因素。许多大型系统的设计经验表明，系统设计的质量和系统实现的困难程度都严重依赖于是否选择了最优的数据结构。在通常情况下，在确定了数据结构后，算法就容易得到了。有时我们也会根据特定算法选择相应的数据结构。无论哪种情况，选择合适的数据结构都是非常重要的。

8.1.2 列表结构

列表是一种常用的数据结构。Scratch 的列表是一个用于存储多个变量的容器，它就像有许多抽屉的梳妆台一样，每个抽屉都存放着物品。下面展示一个名为 dayList 的列表，该列表中存储了 7 个字符串变量，分别表示星期一～星期日，如图 8-1 所示。

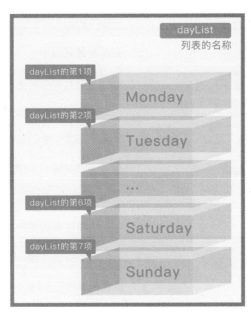

图 8-1　dayList 列表

创建列表的方法与创建变量的方法类似。首先，单击"变量"模块中的"建立一个列表"按钮，弹出"新建列表"对话框，输入列表的名称（本案例为"dayList"），再选择其作用范围（如果选择"适用于所有角色"单选按钮，则该列表可以被所有角色访问并操作；如果选择"仅适用于当前角色"单选按钮，则该列表只能被当前角色访问并操作，本案例选择"适用于所有角色"单选按钮），如图 8-2 所示。

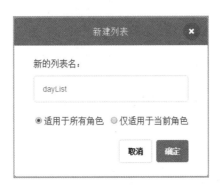

图 8-2　"新建列表"对话框

单击"确定"按钮，在积木区的"变量"模块中会出现一些与 dayList 列表有关的积木，如图 8-3 所示。使用这些积木可以在程序中操作列表。例如，向列表中添加变量，将变量插入指定的位置，删除或替换列表中的变量。

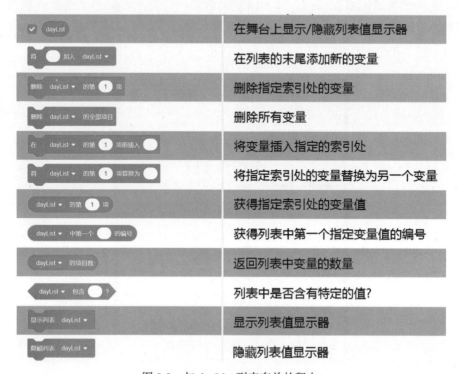

✔ dayList	在舞台上显示/隐藏列表值显示器
将 加入 dayList ▼	在列表的末尾添加新的变量
删除 dayList ▼ 的第 1 项	删除指定索引处的变量
删除 dayList ▼ 的全部项目	删除所有变量
在 dayList ▼ 的第 1 项前插入	将变量插入指定的索引处
将 dayList ▼ 的第 1 项替换为	将指定索引处的变量替换为另一个变量
dayList ▼ 的第 1 项	获得指定索引处的变量值
dayList ▼ 中第一个 的编号	获得列表中第一个指定变量值的编号
dayList ▼ 的项目数	返回列表中变量的数量
dayList ▼ 包含 ?	列表中是否含有特定的值?
显示列表 dayList ▼	显示列表值显示器
隐藏列表 dayList ▼	隐藏列表值显示器

图 8-3　与 dayList 列表有关的积木

在新的列表创建完成后，列表值显示器会默认显示在舞台的左上角。列表最初是空的，因此长度为 0。单击列表值显示器左下角的加号，可以给列表添加新的变量，我们将星期一～星期日对应的 7 个值添加到 dayList 列表中，如图 8-4 所示。

图 8-4　给 dayList 列表添加新的变量

通过列表的索引可以访问列表中的变量。在 Scratch 中，列表中第 1 个变量的索引为 1，第 2 个变量的索引为 2，以此类推。例如，Tuesday（星期二）是 dayList 列表中的第 2 个变量，其索引为 2。因此，如果要得到 dayList 列表中的第 2 个变量，那么只需执行 dayList ▾ 的第 2 项 积木中的代码。

8.1.3 获取列表中的变量

我们可以通过索引获取列表中的变量。例如，显示 dayList 列表中的每个变量，代码如图 8-5 所示。在图 8-5 中，使用变量 pos 作为列表的索引，迭代地执行 dayList ▾ 的第 pos 项 积木中的代码，依次获得 dayList 列表中的变量，并且执行 说 dayList ▾ 的第 pos 项 1 秒 积木中的代码显示。

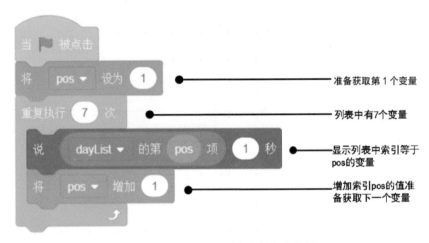

图 8-5   显示 dayList 列表中的每个变量

首先，将 pos 变量的值初始化为 1，准备获取 dayList 列表中的第 1 个变量，然后进入一个循环结构。迭代次数被设置为 dayList 列表中的变量个数 7。在进行每次迭代时，显示 dayList 列表中第 pos 个变量值，再将 pos 变量的值加 1。换言之，上述程序将 pos 变量作为 dayList 列表的索引来获取特定的变量。

8.2   随机歌曲列表

8.2.1   任务描述

音乐播放器是一种用于播放各种音乐文件的多媒体播放软件，它涵盖了各种音乐格式的播放工具，如 MP3 播放器、WMA 播放器等。

本任务要求以随机方式生成歌曲播放清单，歌曲为香港第 16 届十大中文金曲，程序界面如图 8-6 所示。在用户单击"生成随机歌单"按钮后，歌曲的播放顺序会重新随机排列。

图 8-6 《随机歌曲列表》的程序界面

8.2.2 任务实施

对于本任务中的问题，可以有多种解决方法，这里我们采用分治法。在计算机科学中，分治法是一种很重要的算法。分治法字面上的意思是分而治之，就是将一个复杂的问题分成多个相同或相似的子问题，再将子问题分成更小的子问题，直到最后子问题可以被简单地直接解决。原问题的解就是子问题的解的合并。这是很多高效算法的基础，其核心思想就是将复杂问题拆解，然后逐个击破、分而治之。

根据本任务要求，我们需要利用列表创建一个随机排序的歌单，可以使用分治法来设计解决方案：如果每个位置上的歌曲都是从十首歌曲中随机选择出来的（不能重复），那么整个歌曲列表就是随机的。这样就变成了通过一个循环解决在每个位置上随机选择歌曲的子问题。

我们先来研究交换两个变量值的方法。在"变量"模块中创建 3 个用于交换数据的变量——i、j、temp，交换两个变量值的方法如图 8-7 所示。要交换变量 i 和变量 j 的值，可以借助于第 3 个变量 temp。首先将变量 i 的值存储于变量 temp 中，这样变量 i 就空出来了；

然后将变量 j 的值存储于变量 i 中,这样变量 j 就空出来了;最后将变量 temp 的值存储于变量 j 中。这样就完成了变量 i 和变量 j 的值的交换。

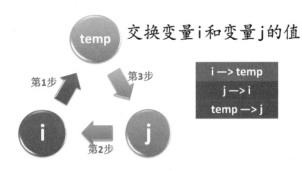

图 8-7 交换变量 i 和变量 j 的值

在本任务中,首先创建一个名为"十大中文金曲"的列表,并且为该列表添加 10 个变量,用于存储十首歌曲的名称,如图 8-6 所示。接下来随机交换列表中的两个变量的值,执行 10 次随机交换变量值的操作,从而实现歌单随机排序的功能,程序代码如图 8-8 所示。

图 8-8 《随机歌曲列表》的程序代码

根据图 8-8 可知,在单击"生成随机歌单"按钮后,变量 i 的值被初始化为列表的长度(本任务中为 10),然后重复执行随机交换列表中的两个变量值。在第 1 轮循环中,先将变量 j 的值设置为取值范围为 1 ~ 10 的随机数,然后将列表中第 j 个变量的值与第 i 个变量的值进行交换(交换的目的是保证歌单中不出现重复的歌曲),最后将变量 i 的值减 1;在第 2 轮循环中,先将变量 j 的值设置为取值范围为 1 ~ 9 的随机数(列表中已经处理好了第 10 个变量),然后将列表中第 j 个变量的值与第 i 个变量的值进行交换,最后将变量 i 的值减 1；以此类推，在进行了 10 轮循环后，变量 i 的值变为 0，循环结束。此时，实现了对"十大中文金曲"列表中的歌单进行随机排序的功能。

任务拓展 根据第 4 章所学的知识，为本任务添加播放按钮，并且使用"声音"模块中的积木实现随机播放歌曲的功能。

8.3 算法

8.3.1 算法概述

简单地说，算法（Algorithm）是指解决某类问题的特定步骤。如图 8-9 所示，做菜程序的算法就是厨师手中的菜谱，各种食材就是被处理的数据；刷牙程序的算法就是倒水、挤牙膏、刷牙、漱口等一系列步骤；计算机程序的算法就是指导我们通过编程方式解决问题的方法。

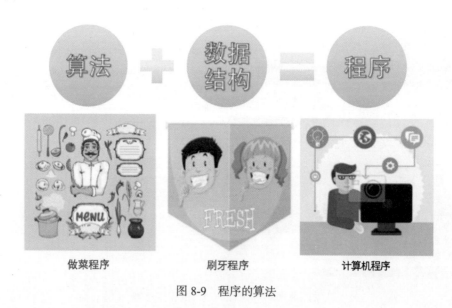

做菜程序　　　　　刷牙程序　　　　　计算机程序

图 8-9　程序的算法

专业地说，算法是指对解决问题方案的准确而完整的描述，是一系列解决问题的清晰指令，是用系统的方法描述解决问题的策略机制。也就是说，算法能够根据规范的输入，在有限时间内获得所要求的输出。如果一个算法有缺陷，或者不适合用于解决某个问题，那么执行这个算法不会解决这个问题。不同的算法可能需要不同的时间、空间、效率来完成同样的任务。一个算法的优劣可以使用空间复杂度与时间复杂度进行衡量。

8.3.2 搜索算法

搜索算法是程序设计中一种常用的算法，它利用计算机的高性能，有目的地列举出一个问题解空间的部分或所有的可能情况，从而求出问题的解。常见的搜索算法有枚举算法、深度优先搜索算法、广度优先搜索算法、A*算法、回溯算法、蒙特卡洛树搜索算法等。

在进行大规模搜索时，我们会使用一些方法优化搜索算法。例如，在搜索前根据条件降低搜索规模，根据问题的约束条件进行筛选，利用搜索过程中的中间解避免重复计算，等等。

下面我们通过一个案例讲解如何在 Scratch 中利用列表设计搜索算法。某个班级全体学生的期末考试成绩都按照学号顺序存储于名为"成绩表"的列表中，现在需要设计一个搜索算法，用于搜索考试成绩为 100 分的学生的学号（如果有的话），代码如图 8-10 所示。

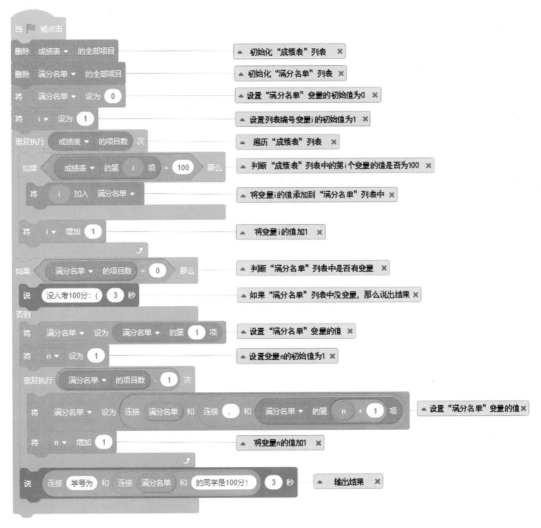

图 8-10 搜索考试成绩为 100 分的学生学号的代码

在图 8-10 中，通过循环遍历"成绩表"列表，将"成绩表"列表中的每个变量的值与 100 进行比较，如果相等，则说明该变量的索引为考试成绩为 100 分的学生学号，将其连接到"满分名单"变量后。本案例使用的是枚举算法，即从所有候选答案中搜索正确的解。

8.3.3 排序算法

排序算法是程序设计中另一种常用的算法。所谓排序，就是使一串记录按照其中的某个或某些关键字的大小，递增或递减地排列起来的操作。例如，班级在排座位时，会先让大家按身高从低到高排好队，然后根据排队顺序安排座位。排序算法就是使一串记录按照要求排列的方法。排序算法在很多领域得到重视，尤其是在大量数据的处理方面，一个优秀的排序算法可以节省大量的时间资源和空间资源。排序算法有很多，冒泡排序算法是最常用、最简单的排序算法之一。

下面举例讲解冒泡排序算法。一个列表中有 5 个变量（变量值分别为 6、9、3、7、8），使用冒泡排序算法对该列表中的变量进行递减排序，具体过程如图 8-11 所示。

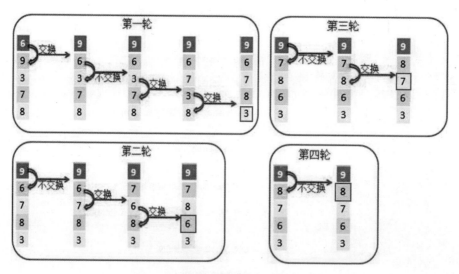

图 8-11 冒泡排序算法（递减）示例

在图 8-11 中，冒泡排序算法（递减）首先将该列表中的第 1 个变量值和第 2 个变量值进行比较，如果第 1 个变量值比第 2 个变量值小，则交换两个变量的位置，否则不交换两个变量的位置，然后将该列表中的第 2 个变量值和第 3 个变量值进行比较，以此类推。因为该列表中有 5 个变量，所以这样的比较一共需要经历 4 次。在经过 4 次相邻变量两两比较后，最小的 3 排在了最后一个位置上。然后进行冒泡排序算法的第二轮排序，继续将该列表中的第 1 个变量值和第 2 个变量值进行比较，如果第 1 个变量值比第 2 个变量值小，则交换两个变量的位置，然后将该列表中的第 2 个变量值和第 3 个变量值进行比较，以此类推。因为此时该列表中最后一个变量已经排好序，只需对前 4 个变量进行相邻变量两两比较，所以在第二轮排序中，这样的比较一共需要经历 3 次，最后选出倒数第 2 个位置上剩下的前 4 个变量值中最小的 6。以此类推，进行第三轮排序和第四轮排序，即可对该列表中的变量进行递减排序。

总结：如果列表中有 n 个变量，则需要进行 $n-1$ 轮排序。对于第 i 轮排序，需要对前 $n-i+1$ 个变量进行 $n-i$ 次相邻变量两两比较。在递减排序中，在进行相邻变量两两比较时，如果前一个变量值小于后一个变量值，则需要交换两个变量的位置，否则不交换。在递增排序中，在进行相邻变量两两比较时，如果前一个变量值大于后一个变量值，则需要交换两个变量的位置，否则不交换。

在 Scratch 中，如何用程序实现冒泡排序呢？冒泡排序（递减）的代码如图 8-12 所示。冒泡排序（递增）的代码与冒泡排序（递减）的代码类似，只需将测试条件"数列的第 j 项 < 数列的第 j+1 项"改为"数列的第 j 项 > 数列的第 j+1 项"。

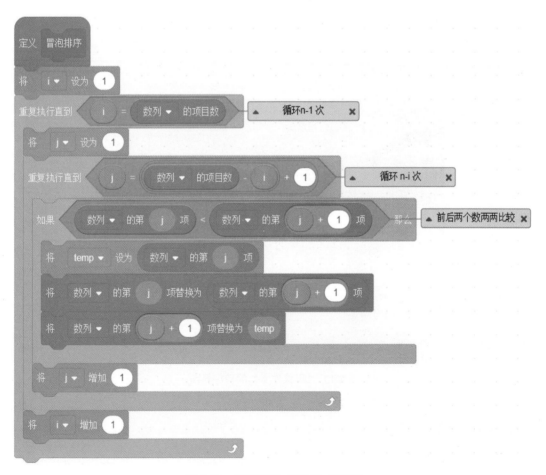

图 8-12　冒泡排序（递减）的代码

8.4 码猿作文

8.4.1 任务描述

本任务会从时下非常流行的人工智能的角度展现列表的魅力。制作一个《码猿作文》程序，舞台上的码猿会从 6 个列表（主语、谓语、宾语、定语、状语、补语）中随机选取词语并将其按照特定的模式连接成句，最终成文。

句法成分是汉语语法的基本知识点。句法成分主要包括主语、谓语、宾语、定语、状语、补语。主语、谓语和宾语是句子的主干成分，定语、状语、补语可以对句子进行修饰、补充。

本任务要求生成的作文包含三句话，每句话的模式如下。

- 第一句话：主语 + 谓语 + 宾语。
- 第二句话：定语 + 主语 + 状语 + 谓语 + 宾语。
- 第三句话：主语 + 谓语 + 补语。

《码猿作文》的程序界面如图 8-13 所示，图中码猿说出的是程序自动生成的第二句话。

图 8-13 《码猿作文》的程序界面

8.4.2 任务实施

首先新建 6 个列表（主语、谓语、宾语、定语、状语、补语），并且依次向其中加入相关数据（数据量越大，产生的作文内容越丰富）。6 个列表的数据示例如图 8-14 所示。

图 8-14   6 个列表的数据示例

根据要求的模式构建作文句子,《码猿作文》程序的代码如图 8-15 所示。

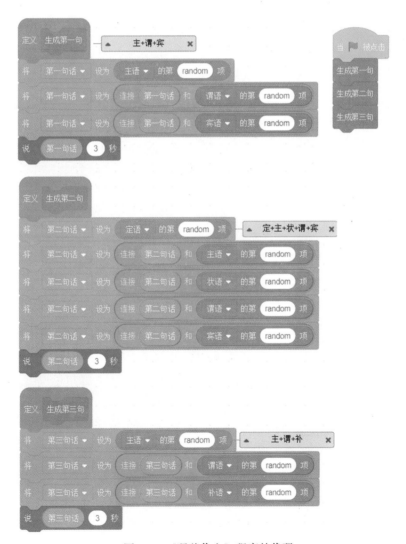

图 8-15   《码猿作文》程序的代码

对于 定义 生成第一句 过程，程序首先从"主语"列表中随机选取一个变量，并且将其值存储于"第一句话"变量中；然后从"谓词"列表中随机选取一个变量，并且将其连接到"第一句话"变量后；最后从"宾语"列表中随机选取一个变量，并且将其连接到"第一句话"变量后。在"第一句话"变量设置完毕后，舞台上的码猿说出作文的第一句话。因为设置"第二句话"变量和"第三句话"变量的思路与设置"第一句话"变量的思路类似，所以这里不再赘述，读者可参考图 8-15 中的代码。

任务拓展　尝试扩展本任务，根据 6 个列表中的数据和生成句子的数量，生成一篇有一定主题的短文，同时为主语、谓语、宾语、定语、状语、补语的搭配加入一些合理的限制规则，使生成的作文更加通顺、更具智能。

本章小结

本章结合 Scratch 中的列表，讲解了数据结构、算法等计算机科学中的重要概念。由于列表可以用统一的方式操作多个变量，因此它在编程中极其常用。同时，我们通过案例《随机歌曲列表》和《码猿作文》综合讲解了列表和算法的应用。

练一练

（1）如果你是一名教师，你一定想知道期末考试中的最高分、最低分、平均分等数据，设计算法，并且利用 Scratch 中的列表统计这些数据。

（2）设计一个《价格查询》程序。要求：创建两个列表，分别用于存储商品名称及其价格。询问用户要查询的商品名称，如果存在，则显示其价格，否则给出错误提示信息。

（3）设计一个《生肖成语》游戏。要求：在单击"运行"按钮 🚩 后出现一个输入年份的输入框，在输入年份后出现对应的生肖图，然后出现一个人物角色说出一个带有该生肖的成语，如马年说"马到成功"。然后清除输入框中的内容，要求输入下一个年份，直到单击"停止"按钮 🔴 结束程序。

（4）设计一个《二进制转换》程序。要求：输入一个十进制数，将其转换为二进制数并在舞台上输出。

提示：将十进制数转换为二进制数的计算方法如下：将十进制数除以 2，余数为权位上的数，得到的商继续除以 2，以此类推，直到商为 0。例如，将十进制数 150 转换为二进制数，具体算法如图 8-16 所示。

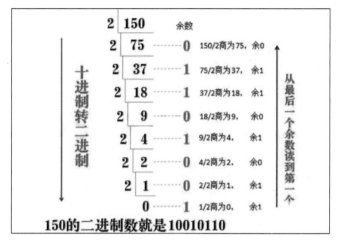

图 8-16 将十进制数 150 转换为二进制数

（5）设计《记忆挑战》游戏，游戏界面如图 8-17 所示。要求：

图 8-17 《记忆挑战》的游戏界面

- 将 16 个角色的造型添加到列表中；
- 比较单击的两个角色的造型是否相同，如果相同，则增加 4 分，并且这两个角色消失，如果不同，则扣 2 分，并且显示背面码猿；
- 在所有角色都消失后，游戏结束。

（6）设计《动物连萌》游戏，游戏界面如图 8-18 所示。要求：

- 设计一些可爱的小动物造型，利用克隆技术产生 6 行 6 列小动物；
- 利用列表，记录单击的每个小动物的 x 坐标、y 坐标；
- 单击相同的小动物会进行消除；
- 消除一次得 1 分；

• 设置倒计时，如果没在指定时间内完成消除，则游戏结束。

图 8-18　《动物连萌》的游戏界面

参考文献

[1] Majed Marji. 动手玩转 Scratch2.0 编程 [M]. 于欣龙，李泽，译. 北京：电子工业出版社，2015.

[2] 孙勇. 青少年创意编程 [M]. 沈阳：沈阳出版社，2018.

[3] 李泽. Scratch 高手密码：编程思维改变未来——应对人工智能挑战 [M]. 北京：中国青年出版社，2018.

反侵权盗版声明

电子工业出版社依法对本作品享有专有出版权。任何未经权利人书面许可，复制、销售或通过信息网络传播本作品的行为；歪曲、篡改、剽窃本作品的行为，均违反《中华人民共和国著作权法》，其行为人应承担相应的民事责任和行政责任，构成犯罪的，将被依法追究刑事责任。

为了维护市场秩序，保护权利人的合法权益，我社将依法查处和打击侵权盗版的单位和个人。欢迎社会各界人士积极举报侵权盗版行为，本社将奖励举报有功人员，并保证举报人的信息不被泄露。

举报电话：（010）88254396；（010）88258888

传　　真：（010）88254397

E-mail: dbqq@phei.com.cn

通信地址：北京市万寿路 173 信箱　电子工业出版社总编办公室

邮　　编：100036